Floral Potager

绽放的家庭花园&菜园

（日）难波光江 著　　陈泽宇 译

煤炭工业出版社
·北 京·

什么是绽放的家庭花园 & 菜园?

在法国，人们把蔬菜、草本植物、花卉共同混杂种植的庭院称为“Ptoager”，即家庭菜园。这种园子兼具实用性与观赏性，其历史可以追溯到欧洲中世纪。我家的庭院也是这种蔬菜和花卉混杂种植的。虽说应该称它是菜园，不过因为各种各样的花很多，也就姑且称它是“绽放的家庭菜园”吧。我努力让园子里的各种植物能够适应日本当地的水土，按我自己的喜好设计和打理园子。在这开满花的菜园里，我享受着无穷的乐趣。

我是因为在法国写生旅行中看见美丽的风光后才决定开始建造家庭菜园的。那是一片草原，种类丰富、色彩缤纷的花和草混杂在一起，随着微风摇曳。正是那个时候我意识到，原来花、草本、蔬菜是可以一起种植的。玫瑰这样的花卉和莓类、无花果等果树都可以在一个庭院、一个花坛里共生。这也是我现在在自己的园子里所实践的风格。

如果园子里的土地闲置下来，杂草便会蔓延。相反，如果种植上花和蔬菜，那么园子就会成为可食用的宝库。利用拱门供蔬菜苗向上攀岩，番茄和黄瓜便会果实累累。小园子里可以收获果实的空间一下子就扩展了许多。

花卉和蔬菜一起种植，如此多种类的混杂种植方式还有抑制病虫害的好处。但想要实现一起种植，其中最为重要的就是能够将多种植物共同培育的环境。多样的植物种类吸收的养分也是多种多样的，从而使土地成分没有偏向性，因此不易产生连作障碍现象。而且，如果植物种类单一还会招来大量喜好这种植物的昆虫，多样的植物一起种植就可以缓解这种现象。在混杂种植的园子里，小规模的病虫害只需每天动手清除一下就可以了。

据说，这样的园子里的虫子也很美味，因此今年我架设了2个鸟巢，养了3对大山雀，也就不用麻烦自己每天还要去捉虫子了。因为野鸟可比人类的视觉灵敏，更擅长捕虫。

这“美味”又“美丽”的庭院给我带来的最大恩惠就是家人的笑脸。只要改变一下园子的空间就可以从小花坛开始我们的家庭菜园建造之旅。家庭菜园既是美丽的花坛，又是无公害的菜园，因为它是我们亲自照料的私人花园。刚刚采摘下来的美味蔬菜正在等你呢，大家快在自己的家里也建造一个专属自己的“家庭花园 & 菜园”吧！

Contents
目录

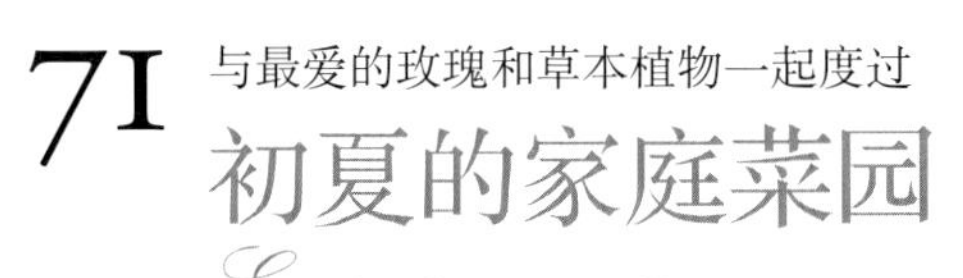

71 与最爱的玫瑰和草本植物一起度过 初夏的家庭菜园

Early Summer Potager

111 色彩鲜艳的丰收季节到来了 夏季的家庭菜园

Summer Potager

149 编织出戏剧性景色 秋季的家庭菜园

Autumn Potager

欢迎来到绽放的家庭花园 & 菜园

5月的庭院，叶用莴苣、草本植物和三色堇的色彩和绿意铺满了整个地面。充满存在感的花椰菜和拥有美丽红茎的甜菜也为庭院增添了色彩感，真是名副其实的“沙拉菜园”。庭院中央盛开着奥克塔维亚山玫瑰，方尖柱上缠绕着苔丝玫瑰，周围围绕着亨利马丁玫瑰、弗朗索瓦朱朗维尔玫瑰、科妮莉亚玫瑰和野蔷薇。虽然每个季节的庭院都有着自己的魅力，不过高处都完全被花覆盖着的冬季无疑是庭院里一年中最生机勃勃的时候。

靠近之后欣赏到的花坛景色，花、草本植物、蔬菜总是挨在一起

绿叶蔬菜、银香菊、蓝玲珑小角堇就好像在互相排除障碍一般奋力成长。我家的庭院里到处都是这样的景色。将各种各样的植物混杂在一起种植就是我的庭院风格。没有任何偏向性的配植方式使土壤成分非常均衡，也能够防止病虫害的大量发生。银香菊能够起到防虫的作用，是庭院里不可或缺的存在。

上面 2 幅图片是我用从院子里摘的花做的插花组合。图左表现了铁线莲与玫瑰的季节，图右则是用叶用莴苣代替绿叶植物做成的沙拉式插花。每次插花的时候，我总是会发现新的配色方式。下图中的花盆和花坛的配植也是同样的道理。和用花以及绿色植物制作花束一样，配植也需要考虑花朵开花时候的姿态。

无论是花坛、插花，还是花盆，配色都和制作花束是一样的方式

将四季的诸多蔬菜
从庭院里奉上餐桌

寒冷的冬季守护着慢慢成长的绿叶蔬菜，到夏季后每天都可以采摘很多的黄瓜和番茄，偶尔我还会送一些给邻居。从冬至夏，不仅仅是花，经历了成长与收获的蔬菜也在不断更替，变换着整个庭院的色彩。

黄瓜、茄子、西葫芦、小番茄、苦瓜……瓜果蔬菜丰收之时的喜悦自然是无与伦比的，但从发芽到结果，这中间的过程也是令人期待和欢欣鼓舞的。西蓝花、小松菜水灵灵的鲜嫩菜叶；茄子、番茄、西葫芦可爱的小花；胡萝卜、琉璃苣美丽的花朵……除了收获的喜悦，蔬菜给我的惊喜实在太多了。

空中也是花园里重要的空间。不管是花还是蔬菜，要让它们幸福地成长

在种植夏季蔬菜前，要准备好供蔓性植物攀爬的花格墙。方尖塔和拱门上缠绕着玫瑰，如果再种上番茄苗，当玫瑰凋落之时，番茄的色彩又会形成装点庭院的彩色。这样的排列组合十分的美丽和巧合。空中的空间对于蔬菜来说，有适宜的光照和风，还不会过于闷热，而且可以在很小的空间里创造出美，这也是空中花园的魅力。利用空中的空间可以在庭院中营造出立体感。

左侧的图片是各色小番茄攀爬覆盖的夏季的方尖塔（全幅见 P120）。右页（P13）上面的 2 幅图片是种植在一起的苦瓜和牵牛花（全幅见 P138）。下面的 2 幅图片是种植在一起的番茄和苦瓜（全幅见 P136）。

接下来，让我们一起走进绽放的家庭菜园吧

难波光江

园艺家，以画报设计而成为画家。后将世界之景融于庭院，以园艺家的身份活跃在各大女性杂志和园艺杂志上。用画家独有的色彩感觉创造出美丽的庭院景色，并从实践中创造了适用于私人花园的新颖的园艺手法，受到很多园艺师的推崇。在玉川高岛屋 S · C 的玉川花园俱乐部担任花盆园艺设计讲师，每次都有很多远远超过了定员数量的推崇者前来报名。出版过《玫瑰的庭院打理》（世界文化社）等多本著作。其私人庭院不对外公开。

从秋季开始的蔬菜培育

冬季与早春的家庭菜园

在冬季才好吃的沙拉菜园

如果想要培育叶用莴苣、菠菜、小松菜、芥菜等绿叶蔬菜，秋季至冬季是最易培育的季节，因为这段时间的气温低且稳定，而且培育蔬菜的大敌——病虫害较少。

9 月下旬播种，到 12 月左右就可以依次开始收获了。我总是将慢慢成长的叶子一点点摘下，然后珍惜地食用。在寒风中成长的菜叶糖分较高，到了春天就可以大丰收了。

鲜嫩的绿叶蔬菜，毫不逊色于花的美

下图：卷心菜和西蓝花的朦胧叶色使花坛充满了时尚感，这两种都是秋天至早春时节我一定会种植的蔬菜。而且，我也会一起种植薄荷、意大利香芹等用作调味料的植物以及有防虫作用的银香菊。

右图：在三色堇和角堇后面种植了一种叫“菜菜美”的小松菜。菜叶厚实且颜色鲜艳的小松菜茎干粗壮，成长茁壮，充满量感。而且，小松菜给缺乏色彩感的冬季花坛带来了新鲜的气息。种植之后可以获得大丰收也是其魅力之一。

在喜欢的地方种喜欢的苗，在箱型花盆里育苗

因为一年中花坛里的各种植物络绎不绝，所以不能在花坛里直接播种，而要先在花盆里育苗。在闲置的地方育苗是我的个人喜好。定植需要斟酌合适的气温，并且要在喜欢的地方种下自己想要的量，因此我推荐混合种植的方法。从秋天开始培植的绿叶蔬菜到九十月份就要在箱型花盆里播种，使其发芽，进行育苗。长出4~5片以上真叶的时候，用铁铲铲起一部分，每3~4株菜苗分开，种植在花坛里闲置的地方（详细的栽培方法见P167的“花卉和蔬菜的栽培手册”）。

用花盆打造的迷你菜园

利用花盆也可以轻松培育绿叶蔬菜。当然，按照我的个人风格，在花盆里也是将花和蔬菜混杂种植的。能够浓缩庭院景色的花盆不仅外观上极具冲击性，如果将其置于露台的桌子或花园椅上会成为惹人注目的重点景色。而且，对于希望在自家阳台上就可以享受家庭菜园乐趣的人来说，我非常推荐用花盆来打造迷你菜园。多种多样的蔬菜一点点种植在花盆里，即使只有一盆，也可以收获色彩鲜艳的混合沙拉菜园。

6种蔬菜和草本植物搭配，请享用早餐沙拉

左图：漆着水蓝色油漆的木质花盆里种植着叶用莴苣、菠菜、红萝卜3种蔬菜，还有芝麻菜、细叶芹、意大利香芹3种草本植物。这6种植物可以一起收获，因此可以做出丰盛且风味浓厚的沙拉。推荐将其当做每日的早餐沙拉。

花盆尺寸：32.5cmx24cmx16cm

从长出幼叶开始就可以收获了。

红萝卜差不多到了收获的季节。

菠菜叶子的红色中轴线，倾心于它的美丽

上图：翻看蔬菜种子的简介时，让我一见钟情的就是菠菜。这种菠菜的叶子上有着美丽的红色中轴线，不仅好看，而且菠菜叶子十分柔软，没有苦味，最适合生食。我在花盆里种植了10株育好苗的菠菜，又在花盆中央靠前处种植了一株角堇。

花盆尺寸：50cmx16cmx17.5cm

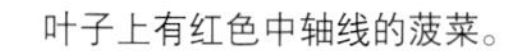

叶子上有红色中轴线的菠菜。

角堇也给沙拉增色不少。

别致又美味的绿叶蔬菜

培育过蔬菜和花卉两种植被之后我注意到这样一点，蔬菜的绿叶有其独特的美感，这种美感是花卉的绿叶所不具备的。例如，莴苣叶浅嫩的黄绿色和起起伏伏的荷叶边形态、小松菜叶娇艳的绿色和又圆又大的形状、紫红甘蓝叶子高雅的色调……除了可以品尝刚刚采摘下来的美味蔬菜，还可以亲自设计花坛，欣赏绿叶蔬菜的美感也是家庭菜园必不可少的乐趣。尤其是晚秋到早春这段时间，花坛里只有三色堇和角堇未免色彩太过单调，这时候在寒冷中茁壮成长的绿叶蔬菜就成了花坛的主角。

Leaf Vagetable

[绿叶蔬菜]

栽培重点

播种

虽然根据品种不同播种时间会有差异，不过我大致都是在夏天快要结束的时候开始播种。气温最高不能超过20℃，最低不能低于15℃，以此为标准即可。不管什么品种的蔬菜都要在花盆里进行育种。

定植

长出了4~5片真叶后就可以进行定植了。用铁铲将3~4株菜苗铲起，然后直接移植到花坛里。

施肥

不结球绿叶蔬菜需用浓度略低于当量浓度的液体肥料，每2周施1次肥。

Cabbage [**卷心菜**]

十字花科植物

将在箱型花盆里育好种的菜苗在花坛的闲置处一株一株栽种，栽种时要根据菜苗的大小，在菜苗间留有间隙。初期可每周施1次肥，菜苗长大后每3天施1次肥，同样需用浓度略低于当量浓度的液体肥料进行施肥。如果施肥不足会导致菜叶开花，而不是卷曲结球，因此肥料一定要足量。

Spinach [菠菜]

藜科植物

菠菜品种里我最喜欢的还是叶子上有红色中轴线的菠菜。菠菜叶十分柔软，且没有苦涩的味道，非常适合生食。因此，用这种菠菜制作的沙拉在我们家非常受欢迎。

Komatsuna [小松菜]

十字花科植物

秋天播种的话，从第二年新年开始到3月份左右一直都可以收获。从最外面的叶子一层层扒下来即可食用。春天的时候将花芽用来炒也很好吃。图片是“菜菜美”小松菜，植株很有分量感，充满魅力。

Leaf Lettuce [叶用莴苣]

菊科植物

莴苣分为会结球的结球莴苣和不结球的叶用莴苣两种。适宜家庭菜园种植的是叶用莴苣。叶用莴苣又有绿叶和红棕色叶两种，将两种叶用莴苣混杂种植非常好看。

Mustards [芥菜]

十字花科

带点刺激的辛辣口感的芥菜里面，我最喜欢的是雪里红品种。叶子是高雅的紫红色，呈齿形，很有嚼劲也是其魅力之一。

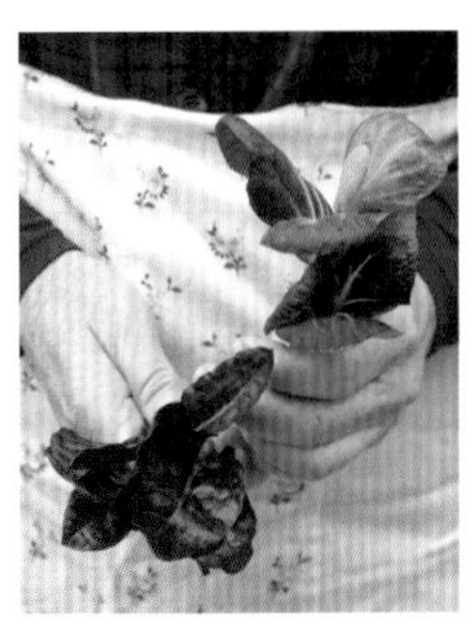

高雅的叶色不仅可以使整个花坛都呈现出时尚感，而且在制作沙拉的时候也可以成为重点搭配。

冬季菜园的王者——西蓝花

和绿叶蔬菜一样，冬季的家庭菜园里西蓝花也是不可或缺的。铺展着具有云状感觉的大叶子，顶部绽放着大大的花球，这样的西蓝花在家庭菜园里是极具存在感的植物，也是冬季花坛的主角。

在收获了顶部的花球之后，植株的侧面还会不断地长出花球，因此可以一直收获到春天。这种刚刚采摘的蔬菜的味道是市集上买来的蔬菜所无法比拟的，甘甜而美味。植株侧面长出的小花非常可爱，除了食用价值，我也会将它用于插花。

Broccoli

[西蓝花]

十字花科

栽培重点

播种

如果要从种子开始培育西蓝花，必须要等气温到15℃~20℃时将种子播撒在花盆里进行育苗。如果想要尽量避免在比较热的时候播种，可以买在秋季上市的花盆里已经培育好的苗。

定植

长出了4~5片真叶之后，就可以进行定植了。用铁铲将1株菜苗铲起，将其种得更深。这样可以使西蓝花的根得以伸展，能够更好地支撑变大的花球。

施肥

用浓度比当量浓度略低的液体肥料施肥，初期可每周施1次肥，花球逐渐变大后增加到每3天施1次肥。为了保证能够收获到侧枝的花球，这种频率的施肥是必不可少的。

上图：铺展着大大叶子的西蓝花在花坛中也是存在感超群！在移植的时候需要充分考虑到叶片伸展的空间。

左图：顶部花球长大之后，要在还没有开花前将其收获，因为这正是吃西蓝花的时候。还有，西蓝花有顶部花球专用的品种，如果想要收获侧枝花球食用的花，需要选购主侧花球兼用的品种。左图的西蓝花是一种叫做“高地 SP”的主侧花球兼用西蓝花，这一品种可以收获很多的侧枝花球。

1月

3月

左图：1月敞口花坛的景象。移植在花坛中央的紫红甘蓝有着美丽的烟色叶子。叶用莴苣的叶子是逐渐长成的，因此在幼叶的阶段就可以开始收获了。
右图：3月移植到敞口花坛的雪里红正在蓬勃生长。在它边上种植的胡萝卜叶片纤细可人。植物的根在土里不断成长，所以要注意千万不能忘记追肥。
花盆尺寸：口径50 cm 、高46cm（种植部分深度24cm）

意想不到之处的惬意菜园

作为庭院的装饰，我设置了好几个石质花台。花台上放置了大大的敞口花坛，里面混栽了各种植物。

有一天，我突然想到如果在花台底部的周围也种上花和蔬菜一定会更好看。于是我拿掉了几块庭院里铺路的石头，移植了种苗。这些种苗令人意外地生长得特别好，一直到初春时节，绿叶蔬菜和草本植物一直在茂盛地生长。我想这大概是铺路石的作用吧。因为周围包围着铺路石，所以虽然天气寒冷，但是地面却很温暖。

在你家的院子里一定也有这样令人意想不到的惬意菜园吧！

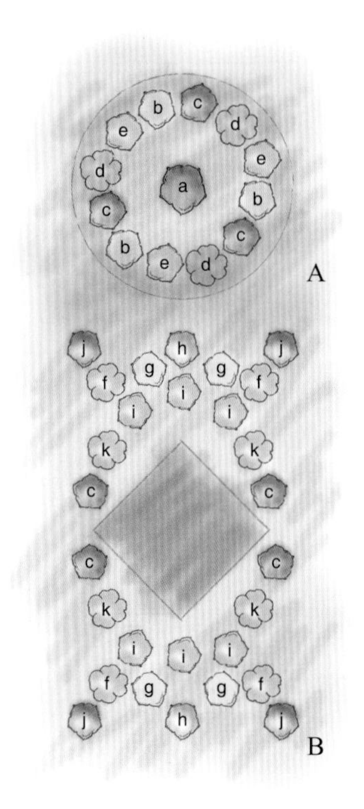

敞口花盆种植一览表

A

- ⓐ 紫红甘蓝……1株
- ⓑ 银香菊……3小盆
- ⓒ 洋李古典小角堇……3小盆
- ⓓ 雪里红……3小盆
- ⓔ 细叶芹……3小盆

B

- ⓒ 洋李古典小角堇……4小盆
- ⓕ 叶用莴苣……4小盆
- ⓖ 黄色卷边垂吊三色堇……4小盆
- ⓗ 海百日角堇……2小盆
- ⓘ 胡萝卜……6小盆
- ⓙ 蓝斑青铜角堇（花力系列）…4小盆
- ⓚ 香菜……4小盆

February

图片中的植物分别为紫红甘蓝、银香菊、洋李古典小角堇、雪里红、叶用莴苣、黄色卷边垂吊三色堇、海百日角堇、胡萝卜、蓝斑青铜角堇（花力系列）。

a

b

c

d

f

g

h

i

j

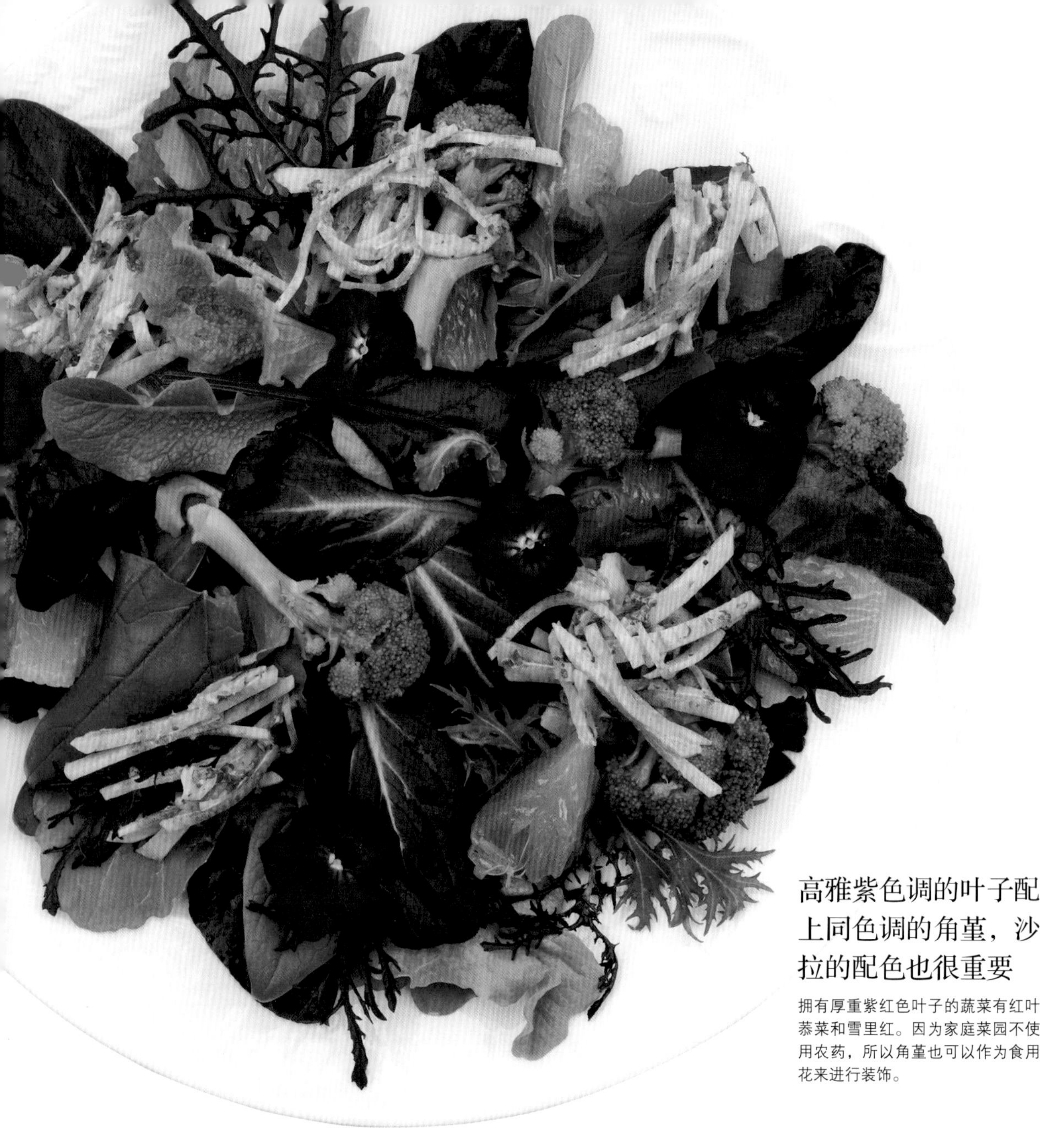

高雅紫色调的叶子配上同色调的角堇，沙拉的配色也很重要

拥有厚重紫红色叶子的蔬菜有红叶恭菜和雪里红。因为家庭菜园不使用农药，所以角堇也可以作为食用花来进行装饰。

在庭院里转一圈，新鲜的沙拉食材就盛满一篮子了。

冬季菜园的新鲜菜谱

从绿叶蔬菜伸展出的外层叶片开始收获的话，那么蔬菜会不断地长出新的叶片。建议不要一下子收获所有的叶子，而是一点点地收获，享受长时间的乐趣。西蓝花也会不断地长出侧枝花球，因此不用担心在冬季缺少做沙拉的食材。

我平常喜欢利用刚刚采摘的新鲜蔬菜制作美味的简单菜肴。这些菜肴都是不需要使用特殊食材，简单易做，因此各位也不妨一试。在招待客人的时候也可以作为午餐享用。

菠菜培根沙拉

叶子上有红色中轴线的菠菜，我们全家人都很喜爱用它制作的沙拉，这已经成为了我们家常做的传统菜。让人吃不腻的美味菠菜沙拉在不知不觉间就吃多了。

材料（2人份）

菠菜……………………………………………………适量
大蒜…………………………………………………… 1瓣
培根…………………………………………………… 50g
橄榄油………………………………………………… 2大勺
酱油…………………………………………………… 2小勺
角堇……………………………………………………适量

做法

1 在平底锅内倒入橄榄油，将切成薄片的大蒜和培根放入锅中慢慢翻炒，出锅后滤出油分。
2 将菠菜洗净，用干净的抹布擦去水分。
3 将菠菜盛入碗中，放入步骤1中做好的大蒜和培根，将酱油均匀地倒入碗中，最后淋上残留在平底锅内的热油，并用角堇装饰。

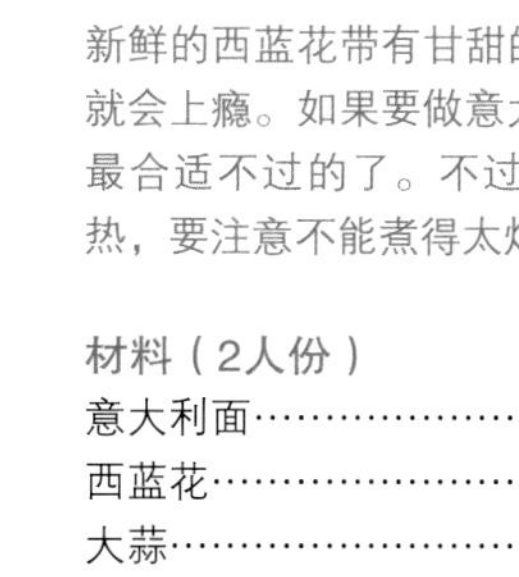

西蓝花辣椒意面

新鲜的西蓝花带有甘甜的口感，它的美味让人吃一次就会上瘾。如果要做意大利面食，简单的辣椒意面是最合适不过的了。不过，柔软的意大利面很容易加热，要注意不能煮得太烂。

材料（2人份）

意大利面……………………………………………… 200g
西蓝花………………………………………………… 2/3个
大蒜…………………………………………………… 1瓣
尖头辣椒……………………………………………… 1个
橄榄油…………………………………………………少量
盐、胡椒………………………………………………适量
帕尔马奶酪……………………………………………适量

做法

1 在锅内加入足量的水，烧开后加入少量的盐和橄榄油，将意大利面下锅煮熟。在距离面煮好还有2分钟左右的时候，将切成小块的西蓝花加入锅中。
2 在平底锅内倒入橄榄油，并加入尖头辣椒和蒜末进行煸炒，之后加入步骤1中煮好的意面和西蓝花，并加入盐和胡椒调味。根据个人喜好可撒上一点帕尔马奶酪。

左图：收获的三寸胡萝卜和红心萝卜。虽然样子不太好看，不过长势很好。
上图：花盆中正在育苗的胡萝卜（左）和芝麻菜（右）。
下图：叶片纤细的是胡萝卜，叶片较大且在叶片根部可以看见白色根的是红心萝卜。这两种叶片组合的魅力能轻易地把人吸引住。

和花卉一起种植在花坛里的根菜类

因为我一直很想将根菜类和花卉种植在一起，所以尝试了很多次。一开始我是直接播种的，所以菜苗长在了之前园内种下的其他植物的叶片阴影下，不知道是不是因此而导致光照不足，所以长势并不好。

我本来就不喜欢移植，因为这会伤害到植物的根，所以我大胆选择了在花盆里育苗后再定植的方法。但这却使根菜类植物的长势意外良好。

至于萝卜和胡萝卜，我选择了长得像芜菁的红心萝卜和植株较短的三寸胡萝卜，因为它们是不需要深耕的。

Daikon

[红心萝卜]

十字花科植物

圆圆的萝卜，中心带有放射状的鲜艳红色，十分好看。肉质柔软，十分有嚼劲，做成沙拉非常美味！鲜艳的红色也可以增加沙拉的美感。

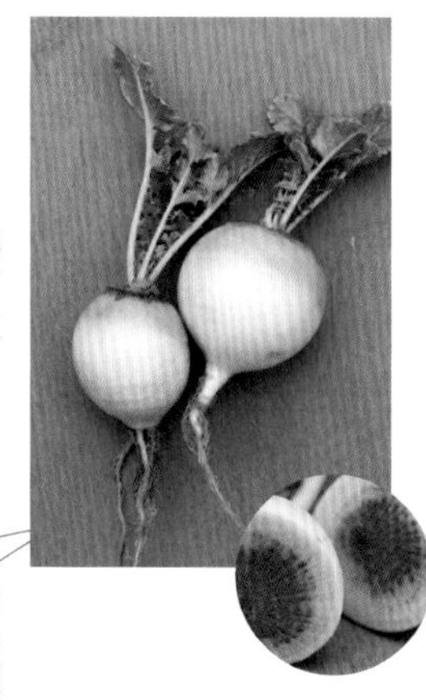

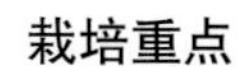

栽培重点

播种

想要在花坛里密植的话，就要在花盆里播种来进行育苗。

定植

长出4~5片真叶之后，用铲子深深地插入土中将其铲出，注意不要伤到根部，然后移植到花坛里。

施肥

比起绿叶蔬菜，红心萝卜的施肥次数稍稍频繁一点，需用稀释过的液体化肥，每周施1次肥。

凉拌红心萝卜

将切成细丝的红心萝卜和火腿用沙拉酱拌匀，做成凉拌红心萝卜。这道凉拌红心萝卜可以让你品尝到萝卜和火腿不一样的嚼劲，吃一口就会上瘾。做好之后可以在上面撒上胡椒和香芹末。

Carrot

[三寸胡萝卜]

伞形科植物

一般的胡萝卜都是五寸长，而植株较短的三寸胡萝卜在花坛等地方也可以栽培。这是一种叫做“平安三寸”的品种，当叶子下面可以看到橘色的根部时，便可以稍微挖开侧面部分，确定胡萝卜的粗细，根据萝卜的粗细来确定收获的时间。

胡萝卜沙拉

新鲜的胡萝卜生食的话味道甘甜，别有一番美味。将胡萝卜切成细丝，然后加入意大利香醋、色拉油、盐、胡椒调味，这样就做成了一道美味的胡萝卜沙拉。这道菜已经成为了我们家的传统菜肴了。把它当成三明治里面的配菜也是推荐的吃法。

栽培重点

播种

在花盆里育苗。

定植

长出4~5片真叶后定植到花坛里。因为胡萝卜不喜移植，要特别注意移植时不能伤害到根部。

施肥

初期每周1次。为了使其根部变粗，叶子长大后要每3天施1次肥。需用浓度比当量浓度略低的液体化肥施肥。

Crocus
［番红花］

鸢尾科植物 花期为每年3月上旬

植株高只有5~10cm，离地面非常近，绽放着可爱的小花朵，丰满的花朵侧面也十分可爱。如果你也喜欢番红花的身姿，那么我推荐将其种植在有一定高度的花盆里。球根类植物最适宜的移植期在12月上旬。采用密植的方式，使数量很多的球根类植物彼此挨着，整个花盆看起来充满分量感。

紫色、白色的冷色调花盆

白色花瓣带着紫色条纹的条纹美人番红花和雏菊混种在一起，传递着早春的氛围。
花盆尺寸：口径 20 cm、高 20cm（种植部分深度 10cm）

唤醒春天的可爱球根类花卉

2月上旬，天气还依然寒冷，雪莲花绽放着如雪一般纯白的花朵。看见它，心便会悸动起来，“今年的春天终于要到来了呀”。接连绽放的番红花舒展着挺括的花蕾，稍稍绽放一点点的丰满姿态十分可爱。每年的晚秋时节我一定会种植球根类花卉，就是因为可以遇见这样的美好的瞬间……

奶油色、紫色的优雅花盆

奶油美人番红花和花力系列的橙红角堇搭配。花盆正中央种植 1 株小角堇，周围环绕着番红花的球根。
花盆尺寸：口径 15 cm、高 20cm

按照花开放的样子进行插花

庭院里星星点点绽放着雪莲花，我偶尔会摘下几朵来装饰房间，而且不加其他任何的花，只是将摘下的雪莲花插在小花瓶里而已。这样简单的插花方式最适合雪莲花那楚楚动人的花姿了。

映衬出洁白雪莲花的紫色小角堇

将浓郁紫红色的洋李、古典感的小角堇和雪莲花一起种植，雪莲花的洁白就显得无比突出。

花盆尺寸：口径 13 cm、高 23cm（种植部分深度 15cm）

Snowdrop

［雪莲花］

植物 花期为每年2月上旬

雪莲花正如它的名字一样，绽放着如雪花般的花朵，宛如白色的蝴蝶张开翅膀翱翔一般。在唤醒春天的众多球根类花卉中，雪莲花也是开花极早的，每年我都期盼着看到雪莲花在庭院中开满一大片的美丽景象，因此每年都要种下很多的雪莲花。将其种在敞口花坛里也是推荐的方法，不仅因为种植起来很容易，而且还可以近距离欣赏雪莲花可爱的花的姿态。移植时间为每年的12月上旬。

上图：直直伸展的白色根部也非常美丽，因此水栽培风信子时，我选择的是透明的玻璃容器。日照良好的窗边非常暖和，最适合栽培。夜里气温下降，我会将窗户关上。
左图：没有专业用于水栽培的玻璃容器也没关系，在玻璃杯里也可以种植。用于放置球根的底座可以用串珠串在金属线上自己制作。将金属线做成花瓣的样子，将球根放在中央。

窗边香气浮动的芳香花园

作为春天代表性的球根类花卉之一，风信子展现出的魅力无疑就是那股甜甜的优雅香气。这种香气被人们称为“风信子绿”，一直都是制作香水的重要原料。当早晨的太阳低低地照射到风信子时，整个房间都弥漫着香气。窗边的水栽培风信子便是每年早春时节我家的“风物诗”。

Hyacinthus
[风信子]

百合科植物 花期为每年2月下旬（水栽培）

风信子花密密地绽放，包围了整个花茎，这充满分量感的花姿魅力十足。如果种在花坛里，风信子的花期是每年的 3~4 月，而水栽培的话，在每年的 2 月下旬就可以欣赏到风信子花了。从购买风信子球根一直到根部伸展出来为止，要放置在阴暗寒冷的地方，出芽之后，逐渐移到明亮的地方。不需要频繁地换水，只要在水减少的时候加到足量就可以了。移植时间为每年 11 月下旬。

用在庭院里绽放的风信子花制作香气迷人的花束

我在庭院里也种了很多风信子花，摘下之后用来插花。将同一时期绽放的东方铁筷子花一起捆扎成束，然后插在花瓶里。因为加入了风信子花，所以整个花瓶都飘着优雅的香气，让人的心情也跟着好起来。粉色和青紫色也是特别能够凸显风信子华丽感觉的配色。

将青紫色和白色的风信子一起放在清爽的窗边。风信子的香气会更加浓郁，一开花，整个房间都是香气。如果选择形状、尺寸、大小不一样的水栽培器皿，窗边都会变得充满律动感。

早春庭院里绽放的铁筷子花

早春时节的花大多十分可爱，且显得楚楚可人，如果在庭院里种植上铁筷子花，整个院子便瞬间有了一种成熟的氛围。

我很喜欢总是爱低着头绽放的铁筷子花，所以每年种的数量都在增加。铁筷子花一旦开花，能够一直保持花姿，因此可以欣赏很久，这也是它巨大的魅力之一。而且，一年之中永远青葱茂盛的绿叶也成为花坛绝佳的被覆盖物。在我的花园里，铁筷子花无疑是不可或缺的存在。

左图：非常受欢迎的深色单瓣铁筷子花。如果和三色堇、银香菊一起混杂种植，铁筷子花的高度就被凸显出来了，使庭院充满立体感。

右页：从早春时节开始，在客房北侧的小径边就开满了铁筷子花。因为铁筷子花喜阴，客房北侧从日出开始大约有 3 个小时的光照，之后就有建筑物能够遮挡太阳形成阴影的地方，所以最适合其生长。植株高度 50cm 左右，所以我一般把它种在花坛后方，在前面种上春天的一年生植物。为了使花坛排水效果良好，我用砖头将花坛围起，将花坛的土堆成高高的土堆。花坛里是我个人喜好的小颗的火山浮石和硅酸盐陶土混合的土。

Christmas rose

[铁筷子花]

毛茛科植物 花期为每年1~3月

铁筷子花又分为在冬天绽放的尼日尔铁筷子花和在早春绽放的东方铁筷子花。东方铁筷子花有很多的杂交品种，所以我一般都会选择这个品种。因为铁筷子花是宿根花卉，所以每年都可以欣赏到它的美丽。要想使铁筷子花绽放，施肥的时间点是非常重要的。5~10月是不需要施肥的，11月到来年的4月则每2周施1次肥，在植株根部施以稀释过的液体肥料。有些着急的小花芽在11~12月就可能开始冒头了。之前没有凋落的老叶子比较坚硬，可能会伤害到长出的新芽，因此要在这个时间点将老叶子从根部彻底清除。

Christmas rose Collection

可爱的铁筷子花图鉴

单瓣花

花瓣只有一层的品种，花形清晰明显，即便多种颜色的花混杂在一起，也不会让人觉得乱七八糟。是在花坛非常容易种植的品种。花朵大大地膨胀开，绽放出的花姿也充满魅力。

01 白色中透着淡淡的绿色，十分清爽，给庭院带来自然的气息，是我想要多多种植的品种。
02 偏黑色的浓重紫红色花朵显得十分高雅。
03 黑色的铁筷子花存在感超群。混入少许黑色花朵，花坛里顿显张弛之感，凸显出花园的立体感。在我们家的花园里它可是不可或缺的存在。
04 花瓣上细细的小斑点使花的神态都变得纤细起来。
05 花瓣上有淡淡粉色的红晕，又显出淡淡的绿色，给人温和的印象。
06 白色花瓣上有紫红色的斑点，相互映衬，充满戏剧性。
07 奶油色和胭脂红色的配色十分精彩。花瓣上小点点的点缀显得很高雅。

重瓣花

绽放时，在花的中心部位可以看见有小小的花瓣一样的东西围绕着。一般认为这是因为已经变化为蜜管（围绕在雄蕊根部的花瓣退化形成）的植物花瓣又重新变为花瓣的所导致的，又被称为半复瓣花。

08 有透明感的纯白色花朵充满魅力，让人觉得清爽干净。

复瓣花

充满魅力的多层花瓣品种，给人华丽且优雅的印象。在单瓣花之中点缀着种上复瓣花的话，整个花坛都会变得华丽起来。将这些松松软软地膨胀开、极具分量感的花朵作为插花的材料也是极好的。

09 波浪形的花瓣边缘有着浓重的粉红色，轮廓十分清晰。
10 纯白的复瓣花品种不仅让人觉得清爽干净，也显得十分华美。
11 纤细的小斑点和浓重的大斑点在一起使花瓣充满变化感，非常有魅力。
12 白色加上浅粉色、淡淡黄绿色的配色十分可爱，花瓣的荷叶边也很美丽。
13 仿佛将深粉色溶于水一般的层次感特别惊艳。
14 紫色的小斑点越靠近花蕊变得越浓，十分别致。
15 高雅的红色花瓣极具层次感，显得十分时尚和精练。

03
04
05
08
09
10
13
14
15

右页上图：将春天在庭院里绽放的白色花朵收集起来制作的清爽插花。虽然都是白色，但不同的花有着细微的区别，在这些区别中，铁筷子花通透的白色十分突出。
右页左下图：庭院里的金合欢绽放的时候，用紫红色的铁筷子花进行配色制作的插花。
右页右下图：享受在花盆里种植铁筷子花的快乐。用粉色的铁筷子花配上黄色的黄花九轮草、水蓝色的海百日角堇以及地中海绵枣儿，柔和的配色充满春天的气息！
花盆尺寸：18cm x18cm x28cm

束起那一颔首的美丽……

上图：因为想要仔细地欣赏低垂着的花朵，所以我用深 9cm 的珐琅锅来插花。将其放在桌子上欣赏是再合适不过的了。在铁筷子花之间还夹杂着勿忘我、葡萄风信子和三棱茎葱(图片见右图，从左至右)等小花。整体看上去洋溢着蓬松感。

水仙盛开时满室春光的庭院

比郁金香早开一点的就是水仙了。可以说水仙就是报春的号角。白色、黄色、淡淡橙色……

水仙花的颜色仿佛是在表现着春天到来的喜悦。

水仙的品种非常多，仅仅记录在英国王室园艺协会的水仙种类就有1万种以上。我期待着能够与更多种类的水仙花相遇，所以每年我都会去发掘新品种种植。

Narcissus

［水仙］

石蒜科植物 花期为每年12月至来年4月

水仙的种类非常丰富，12月有中国水仙，3月中旬有原生种水仙，4月有洋水仙。根据品种的不同，开花时间也各不相同。原生种水仙和洋水仙的球根移植在12月中旬，种植深度为2个球根大小比较合适。为了确保冬天时水分能够一直输送到根部，要好好浇水。为了使水仙第二年能够继续开花，在开花后要让花不结出种子，所以我会摘下所有的花蒂，保留叶子。在叶子变成黄色之前，每周必须用浓度比当量浓度略低的液体肥料施1次肥。

01 塔希提水仙
02 拉斯维加斯水仙
03 约翰施特劳斯水仙
04 胡德雪山水仙
05 柠檬美人水仙
06 杏色水仙
07 白纸水仙

摘下在小径上绽放的水仙做成花束。就这样插在花瓶里，给房间里点缀上些许春光。

闪光的水仙小径

杯状水仙、喇叭水仙、复瓣水仙……多种多样的开花方式也是水仙的魅力。在小径的两边种上不同种类的水仙，如同在小径投射了光一样美丽，清爽的香气诱惑着观赏者，让人流连忘返。

摘下小径的花……

花茎修长的水仙很容易就可以在手上被束成一束，用于插花也很方便。春天的时候，我总是很喜欢用水仙花作为插花的主角，再配上其他从庭院里摘下的花。

右图：以低垂着花朵而绽放的三蕊水仙为主角，配以风信子和葡萄风信子等同一时期绽放的球根类花卉，浓缩了整个庭院的春光。

左下图：喇叭水仙的花朵很大，在花坛里也是存在感超群的。

右下图：以大杯早熟水仙作为主角，配以葡萄风信子和绵枣儿等蓝色的小花组合的插花。

原生种郁金香的彩色花盆

原生种郁金香的美丽在于花朵小且可爱。白色与红色的是薄荷茎郁金香，黄色与红色的是宝石郁金香。不管哪种郁金香，色彩的对比都极具个性化，而且其纤细的花茎我也十分喜爱。再收集一些院子里种的花色鲜亮、活泼的角堇和三色堇，我就能够描绘出一幅春天充满活力的庭院景色了。在花苗的中间种上一些球根类植物，球根植物的茎从花的中间生长出来，形成一幅自然的景色。

花盆尺寸：74cm x18cm x16cm

早早盛开的球根类花卉

洋水仙、葡萄风信子、原生种郁金香……我建议将这些早春就开始绽放的球根类花卉种在敞口花坛里。此时绽放的三色堇和角堇在植株高度上也和球根类花卉是最好的搭配。花色十分丰富，因此在配色上也有很多的选择空间。我就已经发现了很多令人欢心雀跃的配色组合。

杏色的可爱花盆

大杯早熟水仙高雅的姿态让我想要试着将它和其他植物一直混杂种植。于是，我将它和荷叶边的弗拉明戈三色堇、浓郁玫瑰色的玫瑰花斑小角堇种在一起。在花盆的两端再加上银色叶子的银香菊，因为它对于除去小麦蚜虫很有效果。

Muscari

[葡萄风信子]

百合科植物 花期为每年3月中旬~5月上旬

在春天众多粉色和黄色等暖色调的花海中，美丽青紫色的葡萄风信子起着不可或缺的陪衬作用。最近也可以买到白色、黄色、粉色的葡萄风信子了，可以享受到更加多变的配色。如果过早地移植球根的花，会使叶子伸展过长而不整齐，所以要在进入12月之后，天开始变冷的时候进行移植。

葡萄风信子和三色堇的蓝色花盆

泛着黑色的紫色花瓣配上纯白的镶边，我一下子就喜欢上了这色彩别致的三色堇。我只加上了淡淡水蓝色的葡萄风信子一起移植。敞口花盆也选用了蓝色木漆的花盆。通过蓝色的浓淡来表现整个花盆，花色里包含的清冷魅力令人印象深刻。

花盆尺寸：23cm x21.5cm x14cm

冬天快要结束时收到的馈赠——熟透的柠檬。这硕果累累的柠檬让我感受到秋日阳光的依依不舍。

终于开花结果的冬季劳作

春季的家庭菜园

SPRING POTAGER

在蔬菜群落中绽放的郁金香

天气变暖之后，冬天里茁壮成长的绿叶蔬菜已是一片清凉的绿色。而在这蔬菜群落中，抽出了花芽的郁金香也开始不断向上生长。郁金香的花蕾一个一个绽放的时候，整个庭院就到了一年中色彩最洋溢的时刻。郁金香丰富的花色对于我来说就好像是最能体现自然之美的画中之物。

在来年的春天，要画出什么样的画呢？秋天我总是一边畅想着新的图画，一边选择球根的品种，从这时起我就已经开始期待花坛春天的图景了。

[郁金香]

百合科植物 花期为每年3月下旬~5月

郁金香的花色、开花方式都充满了各种变化，能够让我充分体验到花的配色乐趣，也是春天花坛的主角。不同品种的郁金香花期略有不同，因此在同一个花坛中，从开花较早的品种到开花较迟的品种，将花期不同的郁金香品种都种上一点的话，就可以延长赏花时间了。我一般回将郁金香的移植时间选在 12 月末 ~1 月上旬。

郁金香的分类和植株高度的标准

代码	种群	花期	植株高度
DE	复瓣早花群	3 月下旬 ~4 月上旬	30~40cm
DL	重瓣晚花群	4 月下旬 ~5 月上旬	30~50cm
DH	达尔文杂种群	4 月中旬	50~60cm
FR	流苏花型群	4 月下旬 ~5 月上旬	40~50cm
L	百合花型群	4 月下旬	30~50cm
P	鹦鹉群	4 月下旬 ~5 月上旬	40~50cm
SE	单瓣早花群	3 月下旬 ~4 月上旬	40~50cm
SL	单瓣晚花群	4 月下旬 ~5 月上旬	40~50cm
T	凯旋群	4 月中旬	45~50cm
V	绿斑群	4 月下旬 ~5 月上旬	40~50cm
S	原生种	3 月下旬 ~5 月	20~30cm

01 白色胜利者郁金香
百合花型群
02 杏桃佳人郁金香
单瓣早开群
03 代托纳郁金香
流苏花型群
04 恋人郁金香
凯旋群
05 白色胜利者郁金香
开花的状态

白色主题的郁金香菜园绽放之时的甜蜜景色

郁金香菜园每年给我的印象都不一样，所以每年我都充满期待。今年的主题是利用白色的清爽感来配色。能让观赏者注意到白色花朵的白，就要靠作为配角的其他花朵来衬托。我选了一些色彩较淡的花，为了映衬出白色花朵的光泽感着实下了一番功夫。郁金香开始绽放时是白色与杏粉色的组合，整个花坛显出甜蜜的感觉。

20天的时光就变成此番美景的郁金香菜园

到了4月下旬，白色与绿色的春之绿郁金香开始绽放了，花的白色和蔬菜的新鲜绿色的对比变得更加美丽。作为重要的点缀，配上一些黄色和红色的鲜亮色彩的花就能够互相托出彼此的花色了。

美味又美丽的地被植物

在郁金香绽放的春天，从秋天开始生长的绿叶蔬菜和草本植物也成长为了大颗植株，水灵灵的绿色覆盖在地面上，十分美丽。绿叶蔬菜可不仅仅是美味而已，作为地被植物也是相当优秀的。

［郁金香］

栽培重点

为了显出郁金香丛生的分量感，不要将植株之间间隔太大，相邻的两株之间刚好能不接触到彼此的距离为最佳。种植深度大约为7~8cm，但是为了让根部能够顺利地得以伸展，要充分地松土之后再种植。因为郁金香是颜色最丰富的球根类花卉，所以可以一种一种颜色地种植，将每种颜色均匀地撒在要播种的整片区域内，这样可以保证整片区域颜色的平衡性。先将球根撒在区域内，决定好要种植的地方之后，再挖坑将球根埋入土中。在覆土之前，一定要确认球根出芽的部分向上。移植后要充分地浇水，用浓度比当量浓度略低的液体肥料，每个月施1次肥。

上图：绿叶蔬菜的淡绿色、银香菊的银绿色等各种各样的绿色混杂在一起，使花坛的景色变得更加自然起来。角堇和三色堇如果在冬天种植下去，到了春天也已经长成高大的植株，能够开出很多的花朵。

右图：红叶生菜等叶色较浓的蔬菜能够在花坛里起到衬托作用，是不可或缺的存在。

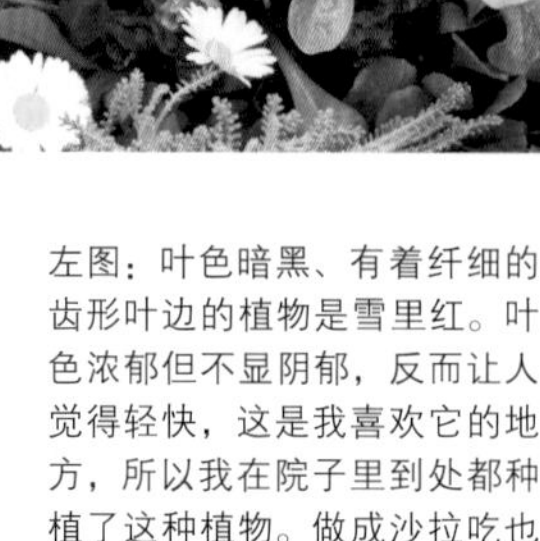

左图：叶色暗黑、有着纤细的齿形叶边的植物是雪里红。叶色浓郁但不显阴郁，反而让人觉得轻快，这是我喜欢它的地方，所以我在院子里到处都种植了这种植物。做成沙拉吃也特别好吃！

右图：水灵灵的绿色茼蒿也有着齿形叶边，十分好看。刚刚采摘下来的新叶特别柔软，加到沙拉里也可以给整道菜增添香气。

想象着花开之景种下球根

左上图：郁金香的球根大概每年从9月左右就开始上市销售了，所以我会早早地将自己喜爱的品种买下来，在没到适合栽种的时期之前，一直将它们放置在通风阴凉处保存。

左下图：球根之间的间隔如图所示。相邻的两株之间刚好不接触到彼此的距离为最佳，球根挤得满满当当也是可以的。我一般将球根类植物种得较浅。

右上图：球根的种植位置大致确定后就要将出芽的一面向上了，然后种植在7~8cm深的地方。

右下图：在种植球根的12月末~来年1月上旬，之前先种下的蔬菜和草本植物已经稳稳扎根了，因此可以一点点收获蔬菜的同时培育球根植物。至于角堇和三色堇，我只要一买到自己喜欢的品种就会立刻补种上去。

今年想要营造出优雅的氛围，所以我以粉色为主色调。为了不使花坛颜色看上去太过甜蜜，我主要使用的是糖果王子郁金香这种冷色调的粉色品种。作为基础色调的品种，用量是其他品种的3倍，这样才能平衡主色调和其他色调。暗紫色虽然不用太多，但是能够起到很好的衬托作用，所以也是必不可少的颜色。

每年挑战新的配色

01 糖果王子郁金香
02 紫色世界郁金香
03 神室郁金香
04 克劳迪娅郁金香
05 补集郁金香
06 芭蕾舞者郁金香
07 加伏特郁金香
08 粉色钻石郁金香
09 玛丽莲郁金香
10 夜皇后郁金香

进化中的庭院，无论何时总是今年最美

看，今年我挑战了充满戏剧性的颜色。不断地使用红色、橙色等生动的颜色。不过，即便如此，作为重要的衬托作用，我还是使用了暗紫色的夜皇后郁金香。

配色的原点——堇菜科植物

提起春天，那一定就是堇菜科植物的季节。作为园艺品种的角堇和三色堇每年都有很多新的颜色问世，数不尽的色彩十分丰富。每年思考今年要怎么配色的时光虽然令人烦恼，但也无比幸福，让人回味无穷，无法厌倦。我选择配色的基本准则是，春天其他种类的花我会尽量选择暖色调，而角堇和三色堇则会多使用蓝色等冷色调的花。而喜欢冒险的个性使我每年都会加一些新品种，创造出年年都不一样的春色。

在三色堇、角堇、报春花的基础上加上原生种的郁金香和葡萄风信子，3月下旬~4月上旬，花坛一下子变得热闹起来。虽然有各种颜色的花，但最具有分量感的还是蓝色系的花。先选择好一个自己喜爱的基本色，然后多多使用这种颜色的花，这样即便整个花坛花色繁多，整体的配色还是显得有重点突出。

Pansy,Viola

[三色堇、角堇]

堇菜科植物 花期为每年10月下旬~来年5月

三色堇和角堇都是由欧洲原生的堇菜科植物杂交而得到的园艺品种。以前人们将花瓣较大的品种叫做三色堇，花瓣较小的品种叫做角堇，但现在这两种花的种类繁多，已经难以区别了。秋冬季节种植的话，经历寒冷的时节，使三色堇和角堇的植株能够茁壮成长，气温上升时就逐渐开始开花了。

三色堇与角堇的配色课程

1 同样花色的重复

用同样的颜色不断重复着进行配色，虽然很简单，但却能够创造一眼就让人印象深刻的景色。这种方法又有 2 种操作方式，第一种是同色系深浅颜色的重复，另一种是用花本身的不同颜色来进行配色。有些品种的花瓣和花心本来就是 2 种颜色，种植这种花就会使景色产生连续性，且重点突出。

01 深浅不同的蓝色花朵重复使用，清爽的同色系配色。用同色系花进行配色时，要注意选用不同大小和形状的花，以使花坛富有变化性。
毕加索银蓝三色堇、海百日角堇、山慈菇

02 选用黄色与紫色的角堇，并以黄色为主色调，加上三色堇和报春花，使花色具有连贯性，因而整个花坛的景色变得开阔起来。
舞衣角堇、毕加索明黄三色堇、欧洲报春花

03 橙色与紫色的角堇是我十分喜爱的花。以紫色为主色调，加上三色堇，花的大小有变化，使景色变得张弛有度。
花力系列的橙红翅膀角堇、弗拉明戈三色堇

2

增加作为陪衬的“蓝”

红色、粉色、黄色等暖色系的花有很多种颜色。与此相对，有着完全不同色彩感觉的便是蓝色。因此，如果配色中加上蓝色，其他的花色也一下子就突出起来。而且，只有暖色系的组合看上去太过可爱了，稍稍加入一点蓝色就能够使整个景色看上去成熟、别致起来。

01 在低调、雅致的红色系三色堇旁边种上勿忘我，由花色所营造出的别致感觉立刻突出起来。图中细长叶子的是聚铃花，在初夏时节它会绽放青紫色的花。
自然系列紫铜渐变三色堇、勿忘我

02 黄色的卷边三色堇加上葡萄风信子和筋骨草的青蓝色，凸显出了三色堇成熟又别致的风味。
黄色卷边垂吊三色堇、亚美尼亚葡萄风信子、筋骨草

03 纯黑的角堇总是能彰显出时尚感，是我特别喜爱的花。不过，在花坛中黑色略显沉重，所以我会搭配上勿忘我的青蓝色来调节。
黑色喜悦角堇、勿忘我

混杂花色带来的美丽

如果是西装服饰或是室内装饰的搭配，颜色过多就会显得很喧闹，因此是大忌。不过若是自然而生的花色就另当别论了。颜色增加会使花坛的感觉变得更加丰富，富有魅力。不过，不要忘记选择大小和形状各有不同的花，这样才能使花坛景色张弛有度。如果将花坛里的花摘下束成一束，立即就会成为华丽的花束。这样的花坛你难道不喜欢吗?

上图：红色、黄色、橘色等暖色调不断重复的花坛。除了生动的赤红色之外，还有色调微暗的紫红色，显得高贵时尚。再搭配上同一朵花且兼具浓淡层次的三色堇，花坛整体的颜色融为一体，显得亲近可人。
左图：黄色、白色、蓝色的组合特别清爽。水仙和毛茛那大大的黄色花朵作为重点，搭配周围的小花，显得张弛有度。
右图：粉色、紫色、蓝色的高贵配色。羽扇豆的直线型花朵和三色堇、毛茛等圆圆的花朵形成对比，即便是和善温润的配色也能产生极具冲击力的景致。

如果要给春天花坛的一部分来个特写，你一定会惊讶地发现竟然有如此多的花形和花色。众多的圆形花瓣之中，白色星形的虎眼万年青特别打眼。美丽的蓝色喜林草和勿忘我也一起构成了春天花坛重要的配角。

春天色彩深邃的小花图鉴

为了凸显三色堇、角堇这些作为春天花坛主角的花卉，必不可少的就是花朵较小的花卉。在春天有很多这样的小花绽放，象马赛克镶嵌工艺一样可以产生多种多样的组合，花坛的配色也由此显得深邃起来。

01 **蓝色徽章喜林草**
水叶科一年生植物 花期为每年 3~5 月
喜林草的花色不是青紫色，而是很少见的鲜亮青色。蓬松的圆形花瓣很可爱。

02 **花韭**
百合科球根植物 花期为每年 2~5 月
星形的花瓣很可爱，只要一直种下去就可以开很多年花。又被称为“春之星”。

03 **喜阳花**
十字花科一年生植物 花期为每年 4~6 月
植株高度为 40cm 左右，细茎的顶端绽放着很多美丽的浓郁青紫色小花。

04 **聚铃花**
百合科球根植物 花期为每年 4~5 月
钟形的花朵，淡淡的青紫色，十分美丽，一直种下去的话可以开花很多年。

05 **勿忘我**
紫草科一年生植物 花期为每年 3~6 月
能够开出很多小花，与各种花都很搭配。除了蓝色，也有粉色和白色的勿忘我。

06 **筋骨草**
唇形科多年生植物 花期为 4~6 月
开穗状小花，除了蓝色，也有粉色和白色的筋骨草。即便在阴凉处也可以茁壮成长。

07 **金鱼草**
玄参科一年生植物 花期为每年 4~6 月
膨胀的花形很可爱，花色也很多。日语中又称为“骁龙”。

08 **黄花九轮草**
报春花科多年生植物 花期为每年 4~5 月
学名莲香报春花。直立的茎开着可人的黄色花朵。

09 **维多利亚银色蕾丝报春花**
报春花科一年生植物 花期为每年 4~5 月
在品种丰富的报春花科植物中，这一品种是经常被使用的。其古典的感觉充满魅力。

10 **金色硬币毛茛**
毛茛科多年生植物 花期为每年 4~6 月
毛茛科匍枝毛茛种的园艺品种。会绽放很多艳丽的黄色小花。

11 **三棱茎葱**
百合科球根植物 花期为每年 4~5 月
白色的花瓣上有绿色的细线，十分美丽。植株很坚强，不管是播种种植还是直接种植球根，都可以茁壮成长。

12 **雏菊**
菊科多年生草本植物 花期为每年 4~6 月
雏菊的原种，又称英国雏菊。鲜明的单瓣花很可爱。

左图：葡萄风信子和雏菊。蓝色、白色和花蕊的黄色一起组合后，给人一种清新的感觉。而且，几种花朵的形状各异，搭配在一起既有特色又十分和谐。

01
02
03
04
05
06
07
08
09
10
11
12

左图：在花店很难买到带着枝茎的三色堇和角堇，因此可以在家中用它们进行插花也是特别开心的，是家庭私人花园才能享受到的事情。摘一些葡萄风信子、黄花九轮草和雏菊，然后在玻璃瓶里束成一束。

右图：白色和红色玛丽莲郁金香和黑色的夜皇后郁金香开花都较迟，所以可以欣赏到它们一起绽放的美景。

花盆尺寸：31cm x 31cm x28cm

下图：花色丰富的郁金香、三色堇和角堇一起搭配的话，配色的范围一下就被扩展了。花盆里的混合种植，从浓郁的赤红色到柔和色调的层次感变化丰富。浅蓝色的角堇起到了衬托作用。

花盆尺寸：61.5cm x22cm x 23cm

春花烂漫的花盆与花篮插花艺术

将不同花形的郁金香插在一个花瓶里，加上花盆，构成了黄色和橘色的暖色主色调，绵枣儿和勿忘我的青紫色作为相反的冷色调起衬托作用。如果只有两种颜色会对比太鲜明，所以我用高贵的粉色来缓和花色的对比。

欣赏随季节更替模样的窗台花木箱

在玄关旁边的车库附近，我设置了一个长约 1m 的窗台花木箱。用能够浓缩庭院景色的混栽方式来欢迎客人。这个窗台花木箱是磁带式的，中间放入了可拆卸的花盆。将花期错开，及时准备好更换的花盆，每年就可以将窗台花木箱的景色变化 2 次。要想立即就可以欣赏到美丽的花，那么提前准备好备用的混栽花盆就是秘诀所在。

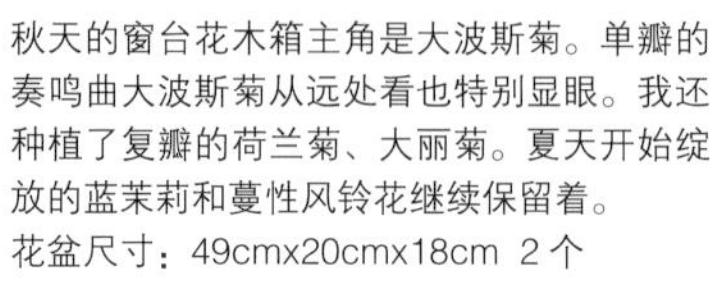
秋天的窗台花木箱主角是大波斯菊。单瓣的奏鸣曲大波斯菊从远处看也特别显眼。我还种植了复瓣的荷兰菊、大丽菊。夏天开始绽放的蓝茉莉和蔓性风铃花继续保留着。
花盆尺寸：49cmx20cmx18cm 2 个

右页所示的春天花木箱到夏天就变了模样。在窗台周围满是小番茄的枝桠，花和绿叶缠绕着快要溢出画面。在花盆里，种植着蓝茉莉、矮牵牛、千日红、旱金莲以及黑色观赏用的辣椒。

春天

图片是左页中从秋天到了春天之后窗台的景象变化，这个时候百叶窗的设计也有变化。黄色、粉色、紫色的三色堇和角堇之中，一眼就看得到的是鲜亮赤红色的水杨梅。再加上夜皇后郁金香，这样整个氛围就不会太过绚烂。

在花色四溢的春天，配色有无穷的可能。所以我总是很兴奋，

混栽各植物的数量也越来越多了。

与最爱的玫瑰和草本植物一起度过

初夏的家庭菜园

Rose

［玫瑰］

蔷薇科植物 花期为每年4月中旬~6月中旬

由玫瑰培育出的杂交茶香月季、丰花月季以及蔓性玫瑰等有很多种类，但是从树形来分的话，玫瑰只分为直立玫瑰和蔓性玫瑰两种。直立玫瑰除了可以培育成直立灌木外，有些品种还可以根据修剪的方法将其用于拱形门的装饰。蔓性玫瑰则由于品种的不同树形也不一样，因此选择适合种植空间的品种非常重要。一季玫瑰、多季玫瑰、四季玫瑰等，根据品种的不同，玫瑰的花期也不一样，四季玫瑰在秋天也会绽放。

黄色木香藤

左图：金樱子的花期就好像是要追赶着黄色木香藤开放一样，奏响了白与黄的甜蜜旋律。低垂枝叶上绽放的小花与粗壮枝叶上绽放的大花朵形成鲜明的对比，也是玫瑰的季节到来之时的风物诗。

玫瑰的季节开始了

比任何玫瑰开放都早的黄色木香藤在 4 月中旬 ~ 下旬就开始绽放了。自此，一年中庭院里最优雅的玫瑰季节就到来了。

我在院子里架设的许多拱形门、包围整个院子的围墙以及花坛中都种了我喜爱的玫瑰品种。它们好像彼此竞争一样竞相开出美丽的花朵。不管种植这些玫瑰有多麻烦，只要一想到玫瑰绽放时的幸福感，我便觉得一切都是值得的。

以白木香藤为背景搭配庭院里种植的其他花创造的白色插花。马蹄莲、法绒花、郁金香、阳光百合、金樱子等各种各样的白色与阳光交相掩映。

在大片绿色中闪耀的玫瑰

将攀爬在拱形门和墙壁上的蔓性玫瑰以及直立灌木玫瑰的花期进行搭配，让花坛在 4 月 ~6 月上旬为止一直都有各种各样的玫瑰绽放。此时的庭院里无论用什么颜色的花作为点缀，这大片的绿色都是压倒性的色彩，以此为背景，一朵一朵绽放的花就得以突出和衬托。

在一架拱形门的前面又架了另一架拱形门。粉色玫瑰的品种是薰衣草少女玫瑰，白色的小玫瑰是野蔷薇，赤红色玫瑰是几内亚玫瑰，酒红色玫瑰是品红蓝玫瑰，右下角白色和粉色的玫瑰是一棒粉玫瑰。

我在庭院里架设了 24 架拱形门。将两三架拱形门连起来架设的话，玫瑰的季节就会变成浪漫的回廊。每当从回廊下经过，心情就会变得很愉快。

我想尽量将各种玫瑰都种一些，因此总是在拱形门的两侧种上不同品种的玫瑰。透过拱形门窥视整个庭院，院子里的景致也一下子变得深邃起来。所以，如果想要使庭院的景色变得更加令人印象深刻，拱形门绝对是不可或缺的元素。

点缀玫瑰回廊的拱形门

查尔斯磨坊玫瑰

亨利马丁玫瑰

弗朗索瓦朱朗维尔玫瑰

本杰明布里顿玫瑰

花的数量很多，容易培植，且香气清甜，这些值得推荐的必要条件全都具备的蔓性玫瑰品种就是拥有着奔放的波浪形花瓣的西班牙美人玫瑰。以鲜亮蓝色的方尖塔为背景，这便是整个庭院入口处的欢迎花卉。

蔓性传统玫瑰品种——路易欧迪玫瑰也是十分适合方尖塔的玫瑰品种。圆乎乎的花形有一种令人叹息的美感，花香有着莓类植物的香甜。此品种出芽很快，因此很适合攀爬。数朵花串起绽放的花姿十分优雅，仿佛画一般美丽。

沿着方尖塔攀岩而上的美丽玫瑰

粉色的圆形伦敦玫瑰，白色小花的野蔷薇。蓝色的长椅被花遮盖着，隐隐若现。

包围庭院墙壁的玫瑰

包围庭院的围墙几乎都被我架设了刷着蓝漆的花格墙。到了玫瑰的季节，所有围墙都被美丽的花覆盖着，整个庭院都变成了让人看花眼的优雅景色。在玫瑰墙壁前的花坛里，我一定会种上与玫瑰花形不同的飞燕草和毛地黄，这样可以形成对比，使整个花坛更加令人印象深刻。

露台前的花格墙上缠绕着蔓性夏日白雪玫瑰和长着可爱小花的群生玫瑰。虽然花色一样，不过用不同大小的花朵进行搭配，就可以创造出充满韵律感的景色。

围墙前面架设的拱形门上缠绕的白色玫瑰是野蔷薇和新雪玫瑰。手边的淡粉色玫瑰是疯狂之夜玫瑰。右侧的酒红色玫瑰是王子玫瑰。这中间的花坛里种着奥罗拉飞燕草和毛地黄等穗状花朵，这样可以和玫瑰的圆形花朵形成对比。

庭院的重点装饰——花盆玫瑰

一买到新的玫瑰，一定要先种在敞口花盆里，充分了解其性质后再寻找合适的地方种植。这段期间，花盆玫瑰就可以作为庭院的焦点存在。在小路的尽头或者长椅旁边放上花盆玫瑰的话，那么花园里的玫瑰既有长在拱形门和花格墙上需要仰视欣赏的玫瑰，也有就在眼前绽放的花盆玫瑰，这样充满阶梯感的视线变化令人惊喜。

露台前放置的玫瑰花盆，种植的是美丽淡红色的英国玫瑰——疯狂之夜玫瑰。这种玫瑰属于灌木玫瑰，其魅力在于易开花。在大花盆里考虑好平衡感种上 3 株，花盆便会呈现繁茂的美丽形状。
花盆尺寸：口径 50cm、高 42cm

01

02

03

01

以戴安娜前王妃的名字命名的威尔士王妃玫瑰属于丰花月季的一种，圆形、整齐的花形充满高雅的品格，是十分有存在感的一种花形。植株长势十分结实，可反复丌花。
花盆尺寸：口径 44cm、高 38cm

02

圣理查德玫瑰闪耀的杏色花朵十分引人注目。花形十分美丽，实属美人玫瑰。这是一种灌木玫瑰，可反复开花，所以它美丽的身影我们可以欣赏很久。
花盆尺寸：口径 30cm、高 29.5cm

03

格尼薇儿玫瑰是我难得才遇见的一种非常优雅的玫瑰。花形很像传统玫瑰，从淡淡的杏色到象牙白的层次感非常美丽。
花盆尺寸：40cmx40cmx39cm

每年都想欣赏的玫瑰图鉴

01 **香水玫瑰**
原种系的一季玫瑰。属于生长旺盛的蔓性玫瑰。绽放的花蕾是浓浓的粉色，特别可爱。

02 **寒冷玫瑰**
四季灌木玫瑰。带有象牙色的白色花朵闪耀着光辉，有如珍珠一样美丽。

03 **哈迪夫人玫瑰**
传统玫瑰中的名种花。绿眼状花蕊是其特征。大马士革玫瑰一般的香气也是其魅力。

04 **野蔷薇**
日本各地自生的原种系玫瑰。植株强健，撒种之后就可以生长的势头充满活力。

05 **杰奎琳玫瑰**
双层花瓣的优雅玫瑰。红色花蕊很可爱。可反复开花的灌木玫瑰。

06 **艾伯丁玫瑰**
蔓性一季玫瑰。花朵较短，密集绽放，很有分量感。

07 **平房玫瑰**
直立英国玫瑰。具有透明感的花色十分美丽，具有奢华感的花茎很是纤细。

08 **伦敦玫瑰**
蔓性英国玫瑰。圆圆的花形很可爱，可反复开花。

09 **查尔斯磨坊玫瑰**
蔓性传统玫瑰。四方状的花形好像范本一样完美，充满魅力。

10 **慷慨园丁玫瑰**
蔓性英国玫瑰。生长较早，花形成型也很快，很适合种植于栅栏和拱形门。

11 **罗莎曼迪玫瑰**
直立传统玫瑰。花瓣上纵向生长的杂色与斑点极具个性，可以使庭院更具变化性。

12 **格鲁特杰基尔玫瑰**
直立玫瑰。兼具传统玫瑰的花形和现代玫瑰易培植的特点。

13 **玛丽罗斯玫瑰**
直立英国玫瑰。可以从玫瑰花期开始一直绽放到最后，反复开花。

14 **西班牙美人玫瑰**
波浪形花瓣非常优美，属于蔓性玫瑰的一种。绽放时可以享受到其香甜清爽的香气。

15 **伊萨佩雷夫人玫瑰**
蔓性传统玫瑰。大花瓣，透着紫色的深粉色花朵存在感超群。

16 **王子玫瑰**
直立英国玫瑰。深红的花色随着绽放会逐渐显出一抹紫色。

17 **帕特奥斯汀玫瑰**
直立英国玫瑰。圆圆的美丽花形和高贵的橘色花朵秀逸优雅。

18 **亚伯拉罕达比玫瑰**
直立英国玫瑰。兼具整齐的花形和精彩的花香。

01

02

06

07

14

10

15

03
04
05
08
09
11
12
13
16
17
18

如何让玫瑰开得更好

要点1 玫瑰苗一到手就立即浸入水中

玫瑰苗买来的时候大都是还带着土，是刚刚被挖出来的样子，因此这时候玫瑰苗最想要做的就是“吸水”。如果就这样放着不管，玫瑰苗会因缺水而受到损伤。所以，要将花苗浸在盛满水的桶里，直到移植到花坛里为止，让花苗就这样处在吸水状态。尽早地移植花苗也是很重要的。

花苗被浸在装满水的深水桶里。

要点2 第一年要在敞口花盆里培育

在得到某种玫瑰花苗的第一年，我并不会把它种在花坛里，而是会将其种植在敞口花盆里。比如，这种花苗会朝什么方向生长、生长的旺盛程度如何等，对于这种玫瑰的习性——细致观察了解后，再移植到适合的地方，这种做法不仅对于玫瑰本身，对于庭院的景色都是非常好的。配合玫瑰的生长速度，我们也可以自己选择是将其种植在拱形门还是方形塔边上。种植在敞口花盆里的话，一次要种植3株同一品种的花苗，观察枝桠的生长方向，把握好栽种的平衡感，在花盆里也可以创造出繁茂而美丽的景色。培植用土是由小颗的赤玉土、培养土、小颗的火山浮石、硅酸盐陶土按6 ∶ 3 ∶ 0.5 ∶ 0.5的比例混合而成的。在大的敞口花盆里满满地放入培植用土进行种植。

哈克尼斯公司产的白色星星玫瑰有着纯白色的花朵，十分美丽。我在第一年种了3株白色星星玫瑰，虽然是第一年种，也收获了茂盛而美丽的景象。

要点3 移植到拥挤的地方需要十分用心

花坛里已经种植了其他玫瑰花苗、宿根草等花木，所以我一直都很烦恼要将新的玫瑰花苗移植到哪里去。如果移植的地方近处就有之前已经种植的玫瑰花苗，那么之前的花苗已经根深蒂固，新花苗的根部很难得到伸展。因此，这里就需要我们自己下功夫了，将细长型的水桶底部打穿，然后将水桶的一半以上埋入地里，在其中种下新的玫瑰花苗。这样在之前的花苗之下，新花苗的根部得以伸展，就可以茁壮成长了。

在埋入了地下的水桶里种下新的花苗。在花苗根处配合种上一年生草本植物，看上去也非常美丽。

我通常使用的是高43cm左右的细长型水桶。底部用罐头起子打穿了。

要点4 冬天也要不间断地浇水

一到冬天，由于寒风凌冽，我们家庭院的土壤就会变得很干燥，因此冬天也要持续浇水。浇水一定要在中午之前进行。如果迟了的话，那么到了夜里会导致土壤冻结。除了种植在花坛里的植物，种在敞口花盆里的植物也别忘了浇水。如果发现表面的土壤干了，就要浇水了。需要一直浇到花盆底部的孔中流出水来为止。冬天的时候，因为干燥而使花苗受伤的例子很多，因此如果院子的环境容易干燥，一定要注意在冬天浇水。

上图：剪去残留着叶片的细小枝桠
下图：将枝桠的生长诱导至自己希望的方向。用 PVC 铁丝绑带较松地来固定新芽。

要点5 长出新芽时开始施肥

开始追肥的时间点在长出新芽的 2 月中旬。用稀释得很淡的液体肥料每周施 1 次肥，浇在玫瑰的根部。直到花完全凋落为止，一直以这个频率进行施肥。玫瑰和铁线莲经常会一起种植，这种施肥方式对于铁线莲的生长也是很有效的。以稀薄的肥料多加施肥一直是我个人施肥的准则。

要点7 修剪枝叶要胆大心细

很多花都需要一整年精细的修剪才能开花，不过，蔓性一季玫瑰一年只要修剪 2 次即可。在冬季休眠期进行修剪时，最重要的是要剪去已经老去枯萎的枝桠和细小枝桠，还有残留在枝桠上的叶子也需要一并剪除。这些残留的叶子上面可能潜伏着某些病虫害，因此在修剪时要 整理完枝叶之后，还要将新芽的前端部分剪去一点，诱导其横向生长。用于固定新芽最好的工具就是 PVC 铁丝绑带。新芽会慢慢长大变粗，如果缠得太紧会伤害到枝桠，这一点要尤为注意。

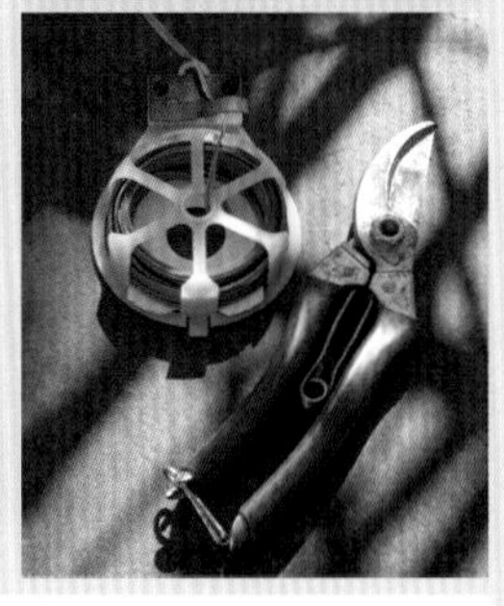

右上图：长得很高的枝桠也要借助架梯剪除。
右下图：修剪枝桠必不可少的工具是用顺手的修剪花木用剪刀以及用来固定枝桠的 PVC 铁丝绑带。

要点6 病虫害的早期防治很重要

因为我没有使用农药来培育玫瑰，因此一直努力地尽早防治病虫害。进入 4 月之后，由于气温上升，需要注意白粉病、黑星病的发生。如果出现白粉病，会在叶子表面发现白色的粉状物，要立即将其清理干净，每片叶子都要进行检查清理。黑星病会导致叶子表面出现黑色斑点，这时也要将每片叶子都清理干净。还有，在玫瑰已经鼓起花苞的时候需要注意玫瑰象虫，它会在玫瑰根部的茎叶处产卵，使花枯萎。如果置之不理，虫卵落到地面上得以孵化会损伤植物，因此要将被卵附着的茎叶全都处理掉。

修剪前 花格墙上枝桠的生长已远远超出其承受能力。

修剪后 长得很高的枝桠被剪除，枝桠被固定之后清爽的花格墙。

玫瑰的搭配组合 *1*
飞燕草与毛地黄

在玫瑰绽放的季节里，我一定会在花坛中种植的就是飞燕草和毛地黄。这两种花卉都开着可爱的穗状花朵，好像包围着茎干一般，和玫瑰的圆形花瓣形成对比，彼此衬托，能给庭院带来令人印象深刻的景致。尤其是飞燕草，它有着玫瑰所不具备的美丽蓝色系品种，从配色的角度来说，它也是这一时期不可或缺的花卉。

Delphinium
[飞燕草]

毛茛科植物 花期为每年5~7月

飞燕草植株高度可以超过1m，开出充满分量感的穗状花朵之后，在整个花坛里存在感超群。我每年种植的是一种叫做奥罗拉的品种。奥罗拉飞燕草兼具深蓝与浅蓝色系。在冬天种植下飞燕草之后，施以稀释过的液体肥料，春天时飞燕草就会茁壮成长起来，不需要其他支撑物就可以长得很高。

Digitalis
[毛地黄]

玄参科植物 花期为每年5~7月

朝下绽放的袋状花朵极具个性，所以在日语中毛地黄又被称为“狐狸的手袋”。植株高度为1~1.5m。毛地黄的花色有深粉与浅粉，十分丰富，也有的毛地黄品种同一朵花上兼有2种花色，因此对于想要给花坛带来变化感的园艺者来说毛地黄是极好的花卉。为了使其和玫瑰在同一时间绽放，需要在12月就种下毛地黄。

飞燕草和毛地黄在同一时间绽放这一点也是令人欣喜的。这是主屋前的花坛，从被玫瑰覆盖着的主屋墙面到花坛，飞燕草和毛地黄的植株高度正好调节了人的视线的变化与流动。

天使圣歌虞美人圆圆膨胀的花朵，搭配上飞燕草和毛地黄可爱的花穗，两者互相衬托，向下生长的花蕾充满律动的魅力。

玫瑰的搭配组合2
虞美人的“天使圣歌”

玫瑰绽放的季节，每年都会让人期待的花便是天使圣歌虞美人了。虽然有着和玫瑰一样的圆形花形，但是具有蓬松感的薄花瓣却和玫瑰具有分量感的花朵完全不同。这种对比使两者可以互相衬托。虞美人有各种各样的品种，不过却没有哪个品种可以比得上天使圣歌虞美人的时尚感。

Poppy
'Angels Choir'
[虞美人 天使圣歌]
罂粟科植物 花期为每年5月

天使圣歌虞美人是英国的汤普森与摩根公司培育的原种杂交型虞美人。这种虞美人花形精巧，美丽的花色不禁让人感叹“此花只应天上有，人间难得几回见”。因为市面上出售的是虞美人花种子，所以要在秋天的时候撒种育苗，3月左右的时候定植到花坛里。

玫瑰的搭配组合3
铁线莲

不管是将玫瑰种植在拱形门上，还是让它顺着墙面攀爬，我一定会在玫瑰旁边种植的就是铁线莲。当然，我是希望用花形的不同来创造强烈的印象。但除此之外，它们可以共用支撑物和肥料，性质相合也是原因之一。铁线莲根据种群的不同，花期也不一样，因为重点在于要选择和玫瑰花期一致的品种。

上图：红色的亨利马丁玫瑰、黑影夫人玫瑰和粉色的艾伯丁玫瑰，搭配上小鸭铁线莲。最初开花时只有单瓣花，之后就开始有复瓣花慢慢绽放着混杂其中。

下图：淡淡青紫色的可爱小花是复瓣花品种——天盐铁线莲。它所拥有的清凉观感是玫瑰所不具备的。我将它和能够开出很多小瓣白花的野蔷薇一起缠绕着种植在拱形门上。

Clematis

［铁线莲］

毛茛科植物 种群不同，花期不同

铁线莲的种群不同，花期也各不相同，可分春季开花、夏秋季开花、冬季开花、四季开花等。如果选择了5~6月开花的铁线莲，就可以欣赏到铁线莲和玫瑰竞相争艳的场景。铁线莲和玫瑰可以共用肥料，因此只要每周施1次稀释过的液体肥料即可。

上图：橘色的吉莱纳德菲利贡德玫瑰配上紫色花蕊的新幻紫铁线莲。花期为每年5~10月，如果夏天修剪植株让其得以休息，那么到秋天它们还会再次开出花来。

下图：淡淡黄绿色的百万重铁线莲搭配粉色的传统玫瑰百叶蔷薇。百万重铁线莲在这之后，花瓣会逐渐变白。

上图：花期较早的白色木香藤搭配早开大花型的约瑟芬铁线莲。随着约瑟芬铁线莲的绽放，花色会逐渐变淡。

下图：百万重铁线莲搭配小小白花成团绽放的群生玫瑰。百万重的老枝与新枝会相继不断地开花，生命力旺盛，因此可以长时间欣赏到美丽的景色。

让人感觉置身草原的花卉图鉴

初夏时节，很多纤柔而美丽的花朵绽放于自然，这些花朵随着微风摇曳的身姿清爽宜人，也是我所钟爱的风景之一。在这些花卉中，有一些会一直绽放到整个夏季结束，它们承担着跨越季节、承上启下、衔接整个庭院景色的重要作用。

01 鼠尾草
紫苏科多年生植物 花期为每年 6~10 月
学名：草地鼠尾草。仿佛张开嘴一样的鲜艳青紫色花朵是其特点。有极强的耐热性，花期一直持续到初秋时节。

02 一串蓝
紫苏科多年生植物 花期为每年 6~11 月
学名：蓝花鼠尾草。深蓝色花朵令人沉醉其中，十分美丽，需要种植在通风良好、略微干燥的环境中。

03 洋苏叶
紫苏科多年生植物 花期为每年 6~11 月
学名：天蓝鼠尾草。清爽的天蓝色花朵让观赏者也能感受到一丝清凉，喜温湿、向阳。

04 菊苣
菊科多年生植物 花期为每年 6~8 月
菊苣的花为淡淡的青紫色，十分高雅，且只在一天的早上到中午时间绽放。我十分喜欢这种花，每年都一定要在花坛里种植。

05 紫菀花
菊科多年生植物 花期为每年 7~10 月
紫菀是历史比较悠久的花卉品种。淡淡青紫色的花瓣点缀上黄色的花蕊，十分美丽，并且能够长久绽放。有极强的耐热性，一直到秋天结束都可以欣赏到它的美丽。

06 天竺葵
牻牛儿苗科多年生植物 花期为每年 6~10 月
能够带来清凉感受的青紫色花朵十分美丽，是我十分喜爱的花。即便在日光直射下也可以长久绽放，具有十分坚韧的性质，花株较大。

07 08 黑种草
毛茛科一年生植物 花期为每年 4~6 月
花朵被线状的苞叶包围着，看上去纤柔而美丽。开白色或蓝色的花，开花后结出的果实也十分独特。

09 泽兰
菊科多年生植物 花期为每年 7~10 月
由很多细小花瓣组成的花朵给人纤细之感，因此日语中又被称为“雾花”。性质坚韧，在背阴处也可以茁壮成长，且长势很快。

10 烟草
茄科一年生植物 花期为每年 5~10 月
鲜明的星状花朵惹人喜爱，在日本以“花烟草”的名称为人所知。淡绿色的烟草给人以温和的印象，和任何一种花色都能够相互映衬。

11 水杨梅
蔷薇科一年生植物 花期为每年 5~6 月
只在初夏绽放的花卉。鲜艳的赤红色花朵与花坛的蓝色主题色相互映衬，作为花坛配色的重点，是不可或缺的存在。

左图：带有清凉气息的蓝色洋苏叶绽放的时刻，整个庭院变得愈发清爽。和粉色的玛丽罗斯玫瑰一同绽放，配色高雅，相得益彰。

01
02
03
04
05
06
07
08
09
10
11

上图：甜蜜杏色的鳄梨百合颇具时尚感。是由东方百合和喇叭百合的杂交品种。
下图：原产中国的王百合，花瓣内侧是白色，外侧有红色条纹，植株生命力旺盛，易培植。
左图：粉色的索邦百合搭配紫盆花、美国薄荷、福禄考等夏天的花。

因百合而美丽的夏季景色

秋季种植的球根类植物中，百合的花期是有迟有早的。早的可在6月中旬开花，迟的要到8月才开花。等待越是心焦，绽放的喜悦就越大。不过，大花型的百合一旦绽放就可以让整个庭院的风格随之一变，从华丽的玫瑰庭院摇身一变成为别致的百合庭院。每年我都迫不及待地想要看到这戏剧性的心跳瞬间。

Lily

［百合］

百合科植物 花期为每年6月中旬~8月

除了日本的原种百合以外，还有杂交的东方系、毛百合系等诸多种群。适合移植的时间是每年的10~11月。百合的球根没有外皮覆盖，因此不喜干燥的环境。买到球根以后一定要尽早种植。百合喜通风且夕阳照射不到的场所。为了让百合在第二年也可以继续开花，在当年的花凋落之后不要忘记继续施肥。

绿色宫殿喇叭百合种在方尖塔上。在根部还种上了复瓣凤仙花和黑白瞿麦。
花盆尺寸：28cmx29.5cmx31.5cm

初夏的乐趣——莓类植物

到了7月，庭院里种植的各种各样的莓类植物都开始逐渐变成红色。从初春开始到玫瑰的季节落幕，一年中最忙的时间过去之后，便是庭院所给予我的褒奖。偶尔我也会在整理庭院的时候，突然摘下成熟的果实塞进嘴里。那酸酸甜甜的口感，一下子便使所有的疲劳烟消云散。

我在玫瑰拱形门的底部也种上了莓类植物。我种植的是在莓类植物中最容易种植的黑莓。和木莓相比，黑莓果实更大，成熟之后的黑莓果实自有一番浓郁的口感。

在花盆里种下黑莓，用方尖塔代替其他支撑物供其攀爬。使整个空间的利用非常紧凑，在露台或是阳台上也可以方便地种植黑莓。在黑莓的边上还可以种上一些夏季的花，努力使整个花盆看起来绚烂华美。
花盆尺寸：27cm x27cm x25cm
方尖塔尺寸：高 110cm

左图：蓝莓色泽变黑后，如果再过一周进行摘取，甜味会更加深厚。但是，因为小鸟也在等着蓝莓成熟，所以要小心果子被鸟儿吃掉。

下图：赶上收获期长时间不在家，或者担心果子受到鸟类侵害，可以提前把整个枝桠剪下来，或者插在有水的容器中，放在阳光可照射的地方，等果子变黑变成熟。

上图：我还在黑莓方尖塔花盆里种植了红色系和粉色系的凤仙花和长春花。成熟的黑色果实混杂在花朵中间，特别可爱。

黑莓风味甜酒

［材料］

黑莓…………………………………… 适量

（可不断摘取，依次加入）

白兰地…………………………… 50%酒精

冰糖…………………………………… 2/3杯

做法

1 将收获的黑莓果实用水洗净，并擦干。

2 在可密闭的瓶子里放入白兰地和冰糖，将步骤1中的黑莓倒入其中。每次收获的黑莓都可以放进去，直到瓶子装满。

3 在寒冷阴暗的地方放置3个月即可食用。

比起木莓，黑莓的果核更大，这也是让我有点困扰的地方，如果要做成果酱，果核怎么办。所以，我将收获的黑莓浸泡在白兰地酒里，做成甜酒品尝。馥郁奢侈的香味和口感可作为饭后甜酒或和烤制点心一起品尝，非常推荐。

作为新鲜常备菜的草本植物

我和草本植物打交道已经很久了，第一次在庭院里种植洋甘菊已经是30多年前的事情了。草本植物即便是从播种开始培育也很难，但开着一整片白色小花的景致真的有如草原一般，所以一直以来，我一点点增加种植草本植物的种类，现在已经有50多种了。将各种各样的草本植物混在一起，也会有不同的风味。我会在需要的时刻摘取需要的草本植物用于做饭，现在这已经是我们家吃饭时必不可少的常备菜了。

和卷心菜、西蓝花、胡萝卜一起种植的留兰香、细叶芹等草本植物，它们的叶形、叶色富于变化，整个花坛都能变得生动起来。

我家的特制茶配方是7种草本植物！

用刚刚采摘下来的新鲜草本植物泡出的茶会有浓郁的香味，口感也是非常馥郁。我经过很多的尝试之后，终于发现了一种制茶配方，即将 7 种草本植物混合起来。将草本植物放进茶壶，倒入开水，等 2~3 分钟即可。

草本茶

材料（500ml量）

留兰香…………… 枝头 3cmx5 根
苹果薄荷………… 枝头 3cmx5 根
香蜂草……………………………
……… 有 5~6 片叶的枝桠 x10 根
柠檬马鞭草……… 枝头 2cmx3 根
柠檬香茅…………… 20cmx10 根
佛手柑草………… 枝头 3cmx2 根
日本薄荷………… 枝头 3cmx2 根

枝头的新叶香气最盛，所以一定要采摘这种枝头新叶，立即用水洗净，沥干水后放入水壶中。

Speamint
留兰香
这种草本植物的香气比薄荷多了一丝甜味，有放松精神、促进肠胃蠕动的作用。

Apple mint
苹果薄荷
这种薄荷有着苹果一样的甜甜香气，除了泡茶，也常用于制作蛋糕等甜点。

Lemon balm
香蜂草
香蜂草有着柠檬一样清爽香气，有放松、解热、发汗的作用。

Lemon verbena
柠檬马鞭草
它同样有着柠檬一样的清爽香气，可以放松神经、促进消化。

Lemon grass
柠檬香茅
这是在越南菜和泰国菜里不可或缺的一种草本植物，可以缓解身心疲惫，提高集中力。

Bergamot
佛手柑草
唇形科美国薄荷属的多年生草本植物，它的叶子有着和柑橘属的佛手柑一样的香气，所以两者名字也一样。

Japanese peppermint
日本薄荷
日本特有的薄荷，比普通薄荷香气更浓烈，辛辣口感更重。很久以前我就一直很用心地培育这种薄荷。

可以尽情使用的自制香料束

香料束在法语里是香草束的意思。将好几种草本植物束成一小束，用于煮食的入味。特别是煮肉类和鱼类食物的时候，这种作为去腥的香料束是必不可少的。据说，法国的香料束是由每家每户都知道的固定植物配方制作而成的，不过我一般是用鼠尾草、百里香、迷迭香、月桂叶这 4 种植物作为香料束的基础材料。将这种香料束加到番茄酱和汤里面，也会使食物别有一番风味。用风筝线将香料束束成一束，食物做好后就可以很方便地将其取出。

Comon thyme

常用百里香

虽然百里香有柠檬百里香、银斑百里香等很多品种，不过最适合做菜的就是常用百里香了。

Rosemary

迷迭香

充满野趣的香气对于鸡肉或羊肉为主的菜肴来说非常适合。不管是匍匐迷迭香还是直立迷迭香，都很适合做菜。

Sage

鼠尾草

从古罗马时代开始，鼠尾草这种草本植物就被当作万能药材使用，尤其是其具有抗菌防腐的作用。

Laulier

月桂叶

月桂叶即月桂树的叶子，英文中也称“Bay leaf”。是炖煮食物时不可或缺的材料。

我在迎接客人的时候总会用几种草本植物制作成小花环。其新鲜的香气不仅可以刺激食欲，而且看上去非常可爱的小花环也是饭桌上的极佳装饰品。随手从花环上摘下一点草本植物用来装饰菜肴也很有乐趣。在花环状的吸水海绵（直径 15cm）上插上迷迭香、百里香、鼠尾草、月桂叶，然后作为花环的重点装饰可以再加上一些玫瑰。玫瑰具有香气，可以让人放松心神，在欧美也是被当作草本植物使用的。

作为饭桌花环存在的香气花束

只是作为装饰也很美味!

左图：挖成心形的奶油芝士上撒上切成末的草本植物作为装饰。图中上面的奶油芝士撒的是茴香，下面的撒的是鼠尾草。两种都是很适合和芝士搭配的草本植物。稍微这样搭配一下，芝士就变成了无比美味的饕餮大餐。下图：法国面包上加上火腿和芝士一起烤制而成的烤三明治。做好之后在表面再加上几片鼠尾草，口感立刻就变得更加馥郁起来。市面上销售的咖喱面包直接加上几片鼠尾草也是推荐的吃法。

Florence fennel

茴香

具有独特的香味，对于以鱼类为主的菜肴有很好的去腥作用。

用于调味的草本植物油

将草本植物浸在橄榄油中，使其香气能够渗入油中，这样制作出来的草本植物油对于做意大利面、沙拉酱、烤制食物非常方便，使用范围很广泛。如果不想将各种草本植物混合，而是只打算将一种植物浸入橄榄油里，对于鱼肉菜肴来说茴香最适合，肉类菜肴则是迷迭香、鼠尾草、百里香很适合，组合自由多变。将草本植物完全浸润在特级初榨橄榄油里面，只要 1 周左右其香气就会渗入油中。制好的草本植物油要保存在阴暗凉爽的地方，一次制作 3 周左右的用量即可。

先将草本植物放入瓶内，再将油倒进去，那么瓶中的草本植物就会在橄榄油中呈现出美丽的姿态。

让人身心放松的草本盐

在岩盐和粗盐里加上被切成末的草本植物就可以制成草本盐。如果在煮意大利面或是蔬菜的时候使用这种草本盐，除了咸味，轻柔的草本植物香气也会沾到食材上，使食物更加美味。左图是加入了迷迭香和百里香的草本盐。这 2 种草本植物都有抑菌及杀菌作用，因此作为浴盐使用也是极好的。敏感肌的人，可以先将草本盐放在洗脸仪里面溶解，然后涂在手上试一下，确定没有问题之后再使用。

引人注目的新鲜美丽——蔬菜和草本植物的花

蔬菜和草本植物成熟后如果不收获就会开花。它们的花有着园艺品种的花所没有的朴素美感，还有令人意外的时尚感。这真是让人怦然心动的惊喜发现。蔬菜和草本植物的花是能给庭院的景色带来新鲜感的重要存在。

胡萝卜的花是纤细的白色花朵，和在插花中常见的大阿米芹长得很像。在初夏的庭院里，它和早开的大丽菊一起给庭院带来了新鲜的景致。

上图：芝麻菜是在沙拉中必不可少的蔬菜，它的花极具时尚感，在白色的花朵上有着一些黑色的筋络。它纤细的姿态我也非常喜欢，因此在玫瑰开放的季节，我也一定会种上芝麻菜，让它们的花朵互相衬托。

中图：草本植物琉璃苣的花有一种引人入胜的美丽蓝色。对于我的庭院来说，蓝色是重点色调，所以蓝色系花朵的种植是必不可少的，而琉璃苣就是这其中的重要成员。

下图：胡萝卜的花是小花集合在一起的圆圆的花朵，看到这可爱的小花，我总是忍不住想靠近去欣赏。

菾菜鲜亮的红色茎给人深刻印象。这是一种叫光明的品种，除了红色之外，还有黄色、紫色。日语里菾菜又叫做不断草。因为我完全被它美丽的茎迷住了，于是就种植了它。菾菜慢慢冒出的侧枝特别柔软，煸炒后有甜甜的口感，十分美味。一边欣赏它的姿态一边收获，这欢喜也可以延续很久。

西洋绣球花的花色深邃，有如那随着岁月而更显厚重的古董……

色彩鲜艳的丰收季节到来了

夏季的家庭菜园

SUMMER POTAGER

玫瑰拱门变成菜园——空中的家庭菜园

玫瑰的季节一结束，被浪漫花色装点的拱形门一下子就变成了夏季鲜亮的色彩。在这仅有的空间里，我也想要种植花和蔬菜，而最先想到的就是利用玫瑰拱形门打造菜园。首先，我种植了植株长度令人意外的很高的番茄，鲜红色的番茄结满果实，压弯了枝头。不断变长的茎也缠绕在拱形门上，不用担心其倒下，可以紧凑地进行种植。大果型番茄、中果型番茄、黄色番茄，各种各样的番茄混杂在一起，拱形门变成了鲜亮的夏季之色。

上图：等到番茄熟透了再采摘收获。从夏天开始一直到初秋都可以享受收获番茄的喜悦。
左上图：鲜艳橘色的番茄品种“金色桃太郎”。
左下图：中果型番茄品种“FURUTIKA”。这种番茄酸度较低，甜度很高，完全可以当成平常的水果零食来吃。
右图：用摘下的“FURUTIKA番茄”做成的沙拉。拌上用意大利香醋做成的沙拉酱，番茄的香味就更加突出了。

红色和粉色装点的夏季玫瑰拱形门。这样的拱形门到了夏天就会变成右页所示的样子，成为“番茄之门”。花和蔬菜共用1个拱形门。番茄苗的移植时期是在5月长假刚结束的时候。

Tomato

［番茄］

茄科植物

栽培重点

品种选择

番茄分为大果型番茄、中果型番茄和小番茄3种。一般与庭院的景色比较相合的是中果型番茄。

番茄苗的移植

如果遇上了晚霜，夏季蔬菜的苗就很容易受伤。因此，最适合的移植期是在5月长假刚结束的时候。在混杂种植的情况下，一定要注意不能伤害到已经种下去的植物的根。

施肥

当番茄苗开始结出小果实时就要开始追肥了。用浓度比当量浓度略低的液体肥料每3天施1次肥。要对着番茄苗定点进行施肥。注意要施肥够量，使肥料不被植株耗光，这样到了初秋就可以收获番茄了。

中果型"FURUTIKA番茄"、大果型"桃太郎EX番茄"和金色"桃太郎番茄"，这3种番茄交织的拱形门便是夏天庭院的主角。再加上金光菊的黄色，简直就是满园夏景！

水灵灵的黄瓜果实累累

店里买的蔬菜和家里种的蔬菜口感总是有点不一样的，而最能让人感受到这种差异的蔬菜就是黄瓜。如果切开刚刚采摘下来的黄瓜，真的是水灵到让人觉得黄瓜里的水珠仿佛要滴下来。清爽的口感让人如沐微风，黄瓜便是夏季最好吃的美味。这样美味的黄瓜也是在玫瑰的拱形门上培植的。不用特别的诱导，黄瓜藤也会自己缠在拱形门上生长。所以培育起来一点都不麻烦，对于这一点我也是十分惊喜。

Cucumber

［黄瓜］

葫芦科植物

栽培重点

品种选择

除了一般的黄瓜，还有比较小一点的小黄瓜和乳黄瓜等品种。建议选择对白粉病和花叶病抵抗性较强且较易种植的品种。

黄瓜苗的移植

如果遇上了晚霜，夏季蔬菜的苗很容易受伤。因此，最适合的移植期是在5月长假刚结束的时候。移植在拱形门底部的土地里就可以了。

施肥

当黄瓜苗开始结出小果实时就要开始追肥了。用浓度比当量浓度略低的液体肥料每3天施1次肥。要对着黄瓜苗定点进行施肥。如果发现长出的黄瓜是扭曲的，即水和肥料不足导致的。

上图：在初夏时节可以欣赏到玫瑰回廊的拱形门，到了夏天，拱形门已经被大大的黄瓜叶覆盖，成为了绝佳的纳凉之地。我栽培的是对白粉病有较强抵抗性的"VR夏季纳凉"黄瓜。

左图：好几个拱形门连起来形成的玫瑰回廊。此时的回廊变成了结满了可爱黄瓜的景象。

西瓜也吊挂着栽培

西瓜和黄瓜一样都是葫芦科的蔓性蔬菜，所以我想也许小西瓜也可以用这样在空中吊挂着的方式栽培。于是，带着这样的冒险精神，我把西瓜苗缠在了拱形门和花格墙上，结果真的长势很好。西瓜苗的移植也是在5月长假刚结束的时候。西瓜苗开了花结出了乒乓球大小的果实的时候，我会在日历上做上标记，然后再过35天左右就可以收获了。不用担心西瓜的底部会受伤，这也是吊挂栽培的好处。

左图：新木灵小西瓜。切开之后里面是鲜亮的黄色果肉。特别甜的口感，十分好吃。

右图：黑色炸弹小西瓜。接近黑色的没有任何花纹的外皮，里面的果肉是鲜亮的赤红色。

推荐可爱的乳黄瓜

做腌黄瓜的时候，我一直想找有没有什么品种的大小正好和腌制用的密闭罐子一致，所以就找到了拉里诺乳黄瓜。大小和人的手掌差不多，2、3 根结在一起，特别可爱。在来我家参观的客人中，乳黄瓜可爱的姿态也是很有人气的。用水灵灵的黄瓜做出的腌黄瓜口清新感，我的家人也是十分喜爱。在 5 月长假刚结束的时候移植，7 月中旬就可以开始收获了。

上图：拉里诺乳黄瓜可以被放在手掌上，小巧可爱。刚好可以被放进高 17cm 的密闭罐子里。
左图：黄瓜苗要在 5 月上旬之前购买，不要错过了最佳移植期。
右图：黄瓜的花是亮黄色，特别好看。

上图：切开黄瓜后欲滴的水灵感。其大小放在三明治面包里也是刚刚好。
左图：刚好可以放进腌制罐子里的大小超级可爱！酸酸的口感很清爽。

腌黄瓜

拉里诺乳黄瓜刚刚好可以放进17cm高的腌制罐子里。纵向切成两半，和盐卤一起放进罐子里，密封好，第二天就可以吃到美味的腌黄瓜了。

盐卤的材料

醋、水………… 各1杯
白糖…………… 2大勺
盐……………… 2小勺
颗粒状胡椒…… 10颗
莳萝……………… 2颗
月桂叶…………… 1片

做法

1 将6~7根乳黄瓜洗净、沥干，之后将其纵向切成两半，放入密闭容器内
2 在锅内倒入盐卤，煮开之后倒入步骤1的容器内。
3 待余热散尽后放入冰箱内保存。腌制的第二天即可食用。腌制好的黄瓜需在1周之内吃完。

当玫瑰的花开败之后，黄瓜藤就开始茁壮成长了。连在藤蔓上结出的果实很可爱！黄瓜不断结果，一直到 8 月都可以收获满满、喜悦多多。

因苦瓜带来阵阵凉意的家庭菜园

苦瓜完全是作为庭院里绿色大幕的固定角色存在的。在我们家的庭院里，无论是拱形门还是花格墙上都缠绕着苦瓜藤，这简直就是对抗夏日阳光的利器。和黄瓜相比，苦瓜的叶色更加清淡，齿形叶边也很可爱，是创造夏日之景绝对是不可或缺的植物。苦瓜叶微微摆动，就仿佛一阵风吹过，让人觉得周身清凉舒爽。当然，能压弯藤蔓的大果实被我当作防止苦夏的营养餐，每天都吃。

对于不爱吃苦味的人来说，我推荐这道芝麻炒苦瓜。将苦瓜表面的绒毛和里面的种子去掉，切成半月形，然后码上盐静置一会儿，用水洗净。沥干水后清炒，加入味增、酱油、日本清酒、白糖入味。盐和味增能够中和掉苦瓜的苦味。

Bitter Gourd

[苦瓜]

葫芦科植物

栽培重点

品种选择

除了果实长度达到30cm左右的普通苦瓜品种，还有长度只有其一半左右的小苦瓜品种，很可爱，推荐种植。

苦瓜苗的移植

移植期是在5月长假刚结束的时候。如果在气温较低的时候移植，苦瓜苗比较弱小，不利于成长。因此要等气温升高并稳定之后再移植。

施肥

当苦瓜苗开始结出小果实时就可以开始施肥了。需用浓度比当量浓度略低的液体肥料每周施1次肥。追肥一直要持续到初秋为止，这样可以在很长一段时间内都有苦瓜收获。

上图：主屋露台前的花格墙在初夏时节还绽放着玫瑰，到了夏天就成为了苦瓜的天下，打造出一片舒服的阴凉。从客厅也能够欣赏到这番景象。

右图：苦瓜的花颜色比黄瓜的花要淡一些，让人感觉十分清爽。如果已经过了收获期的苦瓜不摘下来就会变成橘色，切成两半，里面是通透红色的种子！这充满艺术色彩的果实也是可以吃的，有些酸甜的口感特别爽口，一定要尝一下。

7种小番茄缠绕着的方尖塔。到了7月下旬，7种小番茄都结果了，整个方尖塔仿佛变成了彩虹色一般。作为夏季庭院的主角，整体效果极佳。

红色、橘色、黄色、紫色……小番茄具备着花一样丰富的色彩。把它们都种在一起，结了果实后一定很好看，我只要这样想象一下就已经心动不已了，所以立即联系了工匠，让他们帮我做了方尖塔。

在刷了蓝色油漆的方尖塔底部种上了7种小番茄。我之前还一直担心它们会不会不一起结果，事实证明果真如此。但是，即便只是看着这样的风景也觉得很愉快，而且不同品种的小番茄颜色和口感都不一样，还可以比较它们之间的区别，充满乐趣。

像彩虹一样——7色小番茄缠绕的方尖柱

小番茄苗的移植也是在5月长假刚结束的时候。为了提高土壤的排水性，我将硅酸盐陶土和小颗的火山浮石混合在一起。并且在安排小番茄苗的布局时，一定要考虑到土壤上是要放置方尖塔的。

要充分地浇水，而且浇水时要从方尖塔的顶端顺着浇下去。方尖塔的高度大约为160cm，如果表面的土壤有些干燥时就要浇水。用稀释过的液体肥料，大约每2周施1次肥。

一旦发芽了，就将其拉到方尖塔外面，然后顺着方尖塔的周围诱导其缠绕上去。茎叶会越长越粗，所以不要缠绕得太紧。

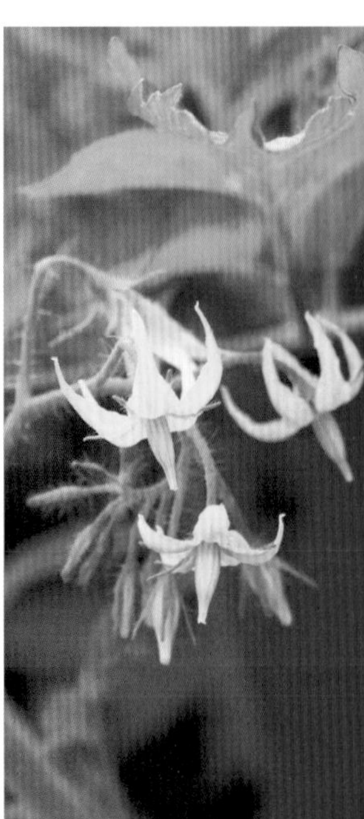

当小番茄苗开出了黄色的可爱小花，结出小小的果实之后，用浓度比当量浓度略低的液体肥料，每3天施1次肥。一定注意不能缺肥。

01 小桃小番茄
02 ELIZA 小番茄
03 TROCKADERO 小番茄
04 YELLOW PICO 小番茄
05 PUGMALION 小番茄
06 ETRANGER 小番茄
07 PRUNELLE 小番茄

鲜亮色彩的小番茄是夏季菜园的宝石！

7 月下旬，7 种小番茄一起结果，收获的时候可以装满整个篮子。色彩和形状都略有不同的小番茄如同宝石一样美丽，让人舍不得吃掉！特别是带有茶色的紫色小番茄，品种珍稀，方尖塔上有这样高贵的颜色，一下子就变得别致时尚起来。这里一处那里一处，方尖塔上结成串的小番茄特别有格调，也使方尖塔的景致变得更加生动有趣。

Komomo

小桃小番茄

浓浓的粉色很高雅，像李子一样略微有些竖长形的果实。果肉厚实，甜度较高。

Pygmalion

PUGMALION小番茄

带有透明感的奶油色果实特别好看。比圆形略竖长的李子状果实。酸爽口味。

Etranger

ETRANGER小番茄

淡淡绿色带有透明感的果实给人清凉感。比圆形略竖长的果实十分可爱。

Prunelle

PRUNELLE小番茄

略带茶色的紫色果实十分时尚。这样高雅颜色的小番茄品种是很不常见的。

Trockadero

TROCKADERO小番茄

鲜亮橙色的果实十分美丽。即便是在小番茄品种中，其圆形的果实也算是小的。

Yellow Pico

YELLOW PICO小番茄

竖长的大果实，美丽的黄色，甜度很高，一串可结十个以上的果实。

Eliza

ELIZA小番茄

朱红色李子状的美丽果实。大大的果实结成一串，真的是相当有视觉冲击力的！

点缀夏季花坛的彩色果菜

春天，被郁金香的华丽色彩装点的花坛，到了夏天就成为了彩色辣椒和艳丽茄子的天下。果菜的收获开始于7月中旬，这是植株高度已经很高了的向日葵也开放了，正是花坛一年中最有感染力的时刻。罗勒、意大利香芹、鼠尾草等草本植物也茁壮地成长，这时在园子里可以随意摘取自己喜欢的菜。是做成意大利面呢？还是做汤呢？只要看着花坛里的植物，脑海里就出现了好多的菜谱，夏季的花坛真的是美味菜园。

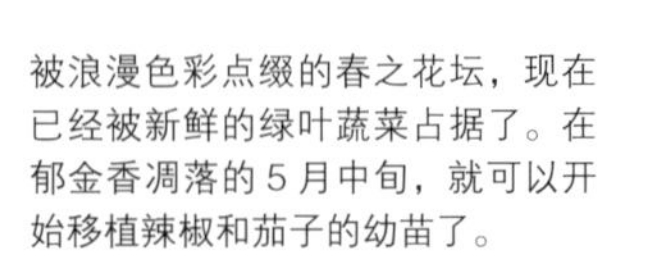

被浪漫色彩点缀的春之花坛，现在已经被新鲜的绿叶蔬菜占据了。在郁金香凋落的5月中旬，就可以开始移植辣椒和茄子的幼苗了。

水灵灵的充满凉意

茄子

刚摘下的茄子用手一捏就可以滴出水来，特别多汁。人们经常说“茄子是用水培植的”，看到这刚采摘的茄子，我相信了这句话。还有，茄子艳丽浓紫色的美丽色彩，被人们称为绛紫（日语中称茄子紫）。除此之外，我更惊叹于茄子的花，高贵典雅，仿佛紫色的绘画颜料融在水里一般。用新鲜茄子做成的凉拌茄子是我们家从我母亲那一辈传下来的菜，现在已经是我们家夏天常做的菜了。真的是好吃到让人停不下来，所以各位也一定要用刚采摘下来的茄子试一试。

上图：6月下旬，茄子的植株高度长到40cm左右时就可以架设支撑物了。茄子的收获从6月下旬开始。8月中旬将茄子的植株高度剪去一半的话，那么到9月还可以收获秋茄子。

右图：长度35~40cm的庄屋大长茄子是我吃过的茄子里最好吃的！

左图：圆茄子的肉质很紧实，口感纤细。

凉拌茄子

将茄子切成圆形薄片，然后码上盐，静置5分钟左右。之后沥干茄子中的水分，放入器皿中。将生姜和紫苏切成细丝放在上面，略微加上一点酱油调味即可。因为茄子很容易变色，所以不要做好之后保存，而是吃多少做多少，用刚采摘的新鲜茄子制作是最好的。

Eggplant

［ **茄子** ］

茄科植物

栽培重点

品种选择

除了一般常见的长卵状茄子之外，还有长茄、圆茄、美国茄子等。

茄子苗的移植

茄子苗的移植期也是在5月长假结束之后。不过，如果要移植到种着郁金香的花坛里，需要等到郁金香花开败再移植。

浇水

天气炎热的时候早晚都要给茄子苗浇水，并且注意不能让植株缺水。

施肥

当茄子苗开始开花的时候，需用浓度比当量浓度略低的液体肥料，每3天施1次肥，直接施于植株根部。

6月上旬，茄子开出淡紫的花，这时起就要定期施肥，浓度不用太高。

如果选择像长卵形千两二号茄子这样无刺的茄子品种，收获的时候自己也比较轻松。

左图：黄椒色彩鲜亮，肉质厚实，甜度高，产量大。可以从 8 月上旬开始一直收获到 11 月为止。
右图：7 月下旬开始，由于梅雨季刚过，天气逐渐炎热起来，所以每天要不间断地早晚浇水，还要给辣椒苗定期施肥。绿椒在 7 月下旬开始收获。
下图：极具个性的细长形儿童辣椒“椒太郎”。没有苦味和臭味，肉质厚实多汁。加入盐卤里也特别美味。

Paprika

［辣椒］

茄科植物

栽培重点

品种选择

比较推荐种植耐热性强的品种和抗花叶病较强的品种。

辣椒苗的移植

辣椒苗的移植期也在5月长假结束的时候。不过，如果想要移植到种着郁金香的花坛里，需要等到郁金香花开败再移植。

施肥

辣椒苗开始开花的时候架设支撑物，然后用稀释过的液体肥料每3天施1次肥。红椒和黄椒从结出果实到果实变色需要很长一段时间，这段时间内要注意不能缺肥。

在 5 月中旬郁金香开败之后，将其球根一个个拔出，然后移植辣椒苗。

脆脆的口感让人停不下来

辣椒

绿色、红色、黄色，各种鲜艳颜色的辣椒。它有着花所不具备的独特质感，作为菜园的调色剂是必不可缺的。刚刚采摘下来的辣椒特别新鲜，直接生吃的话，咔嚓咔嚓的特别脆，让人停不下来。辣椒一般都有一种独特的苦味，不过最近市场上出现了一种没有这种苦味的儿童辣椒“椒太郎”，小小的形状特别可爱，而且真的没有苦味，所以我把它做成糊状，作为我孙子断奶期的食物。

上图：蓬蓬的花朵十分可人，充满魅力。不过秋葵花早上开的花，到中午的时候就会凋落。所以只能在早上的时候好好欣赏。
左图：秋葵的植株高度会高得出人意料，可以超过 2m，所以为了不让其倒下，一定要架设支撑物。秋葵分枝很多，所以收获也很丰盛。

左图是紫红色的红剑五角秋葵，右图是绿色的绿剑五角秋葵。秋葵的花朵凋谢之后很快就会长出豆荚。1 周左右，豆荚就可以长到 7~8cm 长，这时便可以收获了。如果到了收获期却一直没有收获，秋葵就会生长得过大，导致筋络膨胀开，所以一定注意不要错过收获期，并移植在比较容易看见的场所。长出豆荚之后要每天确认是否可以收获。

蔬菜的花中最美的

秋葵

秋葵的植株长度可以长到 2m 以上，在枝叶枯萎后也很结实。一直向天空伸展的姿态，有着不输夏日骄阳的强大力量。秋葵具有特殊的黏性，可以作为夏季苦夏的营养餐来食用。除了果实之外，美丽的花也是秋葵的魅力。锦葵科植物特有的蓬松大花，还有淡淡奶油色的花瓣、胭脂红色的花蕊，各位一定要亲自种植，感受一下它的美丽。

Okra

[秋葵]

锦葵科植物

栽培重点

品种选择

秋葵有圆秋葵和五角秋葵两种，除了绿色的秋葵还有紫红色的秋葵。不过，所有秋葵都是在小花盆里培植好了苗再进行售卖的。

秋葵苗的移植

秋葵苗的移植也是在5月长假刚结束的时候进行的。植株长高之后就要架设支撑物，以防止其倒下。因为秋葵一直会长到超过2m，所以也要准备比较高的支撑物。

施肥

一旦开花了，就要用浓度比当量浓度略低的液体肥料，每3天施1次肥。要向植株根部定点施肥。

秋葵是即便直接播种也非常容易培植的植物。在 5 月上旬向花盆里播种之后育苗，在长出 4~5 片真叶之后定植。

Zucchini

［西葫芦］

葫芦科植物

栽培重点

播种

4月上旬，在塑料小花盆里种上2颗种子。因为这时候气温还很低，所以要在室内培育直至种子发芽，长出2片子叶之后再放到露台或阳台上培育。

西葫芦苗的移植

长出4~5片真叶之后将西葫芦苗移植到花坛里。因为西葫芦不耐高温和湿气重的环境，所以土壤要用小颗的火山浮石和硅酸盐陶土混合，有利于土壤的排水。将土堆得高高的，然后再移植，可以保证良好的通风。

施肥

长出4~5片真叶后需要每周施1次肥，开始开花后每3天施1次肥。用浓度比当量浓度略低的液体肥料浇在植株根部。

长出4~5片真叶后就到了适合定植的时候。这之后叶子也会不断长大。

煮食里不可或缺的

西葫芦

如果想要在夏季做法式炖菜煮食蔬菜，西葫芦绝对是不可或缺的材料。西葫芦不仅果实很好吃，黄色的大花也可以做成油炸馅饼来吃。西葫芦有黄色和绿色两个品种，如果两者都种植，将果实一起腌制的话特别好看。虽然西葫芦基本不会培植在小花盆里售卖，不过即便是自己播种种植也很简单。在庭院种植的时候，要确保其大大的叶子有足够的空间可以伸展。

左上图：在铺路石的空隙间种上西葫芦。即便这样它都可以长得很高大。
右上图：果皮是鲜艳黄色的金色西葫芦。大大的花朵可以很好地作为花坛的重点装饰。
左图：西葫芦直立的茎上会长出大大的叶子，所以种植西葫芦需要足够的空间。如果花坛的通风效果不是特别好，可以将其种在大花盆里，然后放置在花坛中，这样可以使植株更高，改善通风不好的环境。西葫芦比其他的夏季果菜收获期更早，从6月下旬就可以开始收获了。金色西葫芦的收获标准是当果实长到20cm左右的时候。

夏季里的美味佳肴

在家庭菜园里结出果实的夏季果菜们每天都在我家的餐桌上起着重要的作用。在夏天，可以不断收获这些果菜，家人都快要吃不完了。所以我也经常作为午饭来招待客人。这时候除了常做的菜肴之外，我也会做一些别致的美味菜肴来作为招待。不过这些菜都是十分简单易做，所以大家一定要用刚刚采摘的新鲜果菜来试一试。

七彩果菜意式蘸酱

意式蘸酱是自古在意大利北部的皮埃蒙特州流传的家庭菜肴。是一道将鳀鱼、大蒜和橄榄油混合做成酱汤，然后用蔬菜蘸着酱汤吃的菜肴。意式蘸酱在意大利语里叫做“Bagna Càuda”。“Bagna”是酱汤的意思，“Càuda”是热乎的意思。蘸着这热乎的酱汤，蔬菜的新鲜和美味就立刻凸显了出来。

酱汤的材料

鳀鱼………………… 1罐

大蒜………… 1瓣（大）

橄榄油……………… 90ml

牛奶……………… 适量

盐、黑胡椒……… 各少量

做法

1 将去皮切成小片的大蒜放入小的耐热容器中，并倒入刚好可以没过大蒜的牛奶。用保鲜膜封上，然后放入微波炉加热1分钟。

2 将步骤1中的牛奶倒掉，加入鳀鱼，用勺子轻轻地弄碎。

3 加入2/3的橄榄油，然后不用保鲜膜封口，直接放入微波炉中加热1分钟。

4 将步骤3的材料取出后加入剩余的橄榄油，混合后再加入盐、黑胡椒调味。

※因为鳀鱼罐头已经足够咸了，所以加盐之前可以亲自尝一下味道，觉得不够咸的话再加。

鱼子酱烤茄子

这是将烤过的茄子敲打成糊状后制成的法国南部传统菜肴。因为茄子烤过后，里面的种子很像鱼子酱，所以才有了这个独特的高级名称。而这种烤茄子需要用口感柔软的茄子来做，最适合的就是庄屋大长茄子，会使食物口感更美味。制作完成的茄子已经成了糊状，吃到时可能都不会意识到这居然是茄子！

材料

庄屋大长茄子……… 2根

（若中等长度茄子则3根）

大蒜………………… 1瓣

盐、胡椒………… 各少量

橄榄油…………… 8大勺

白葡萄酒醋………… 适量

做法

1 在浅口的耐热容器中加入纵向切成两半的茄子和大蒜，不需要剥去外皮，再浇上2大勺橄榄油。

2 将步骤1的材料放入烤箱中，以200℃的温度烤20分钟。中途要将茄子翻面。

3 将步骤2中烤好的茄子用勺子一点点挖出来，放在案板上。用菜刀反复敲打茄子果肉，使其成为糊状。大蒜也要去皮后用勺子取出。

4 将步骤3中的茄子和大蒜放入大碗中，加上剩下的橄榄油、白葡萄酒醋、盐、胡椒调味。在冰箱里冷藏一下，放在面包薄片上吃特别美味。

只要在庭院里转上一圈就可以收获满满一篮子用来做法式炖菜的必要食材。做香料束要用到的鼠尾草、百里香、迷迭香、月桂叶也可以在庭院里收获。

七彩法式炖菜

法式炖菜是将多种多样的夏季果菜一起炖煮做成的法国南部传统菜肴。我们家做的法式炖菜为了能够更好地体现蔬菜的口感，将蔬菜切得比较大块，而且煮的时间也比较短。不要加水，只用蔬菜中的水分进行炖煮就可以品尝到凝聚着蔬菜美味的深邃口感。

材料

西葫芦、茄子、辣椒、西红柿 ……………… 各1个
南瓜 ……………… 1/8个
洋葱 ……………… 1/2个
鸡腿肉 ……………… 200g
香料束 ……… 1束（参考P104）
浓汤宝 ……………… 1个
盐、胡椒 ……………… 适量
橄榄油 ……………… 少量

做法

1 将西葫芦和茄子切成5mm厚的圆片，辣椒、西红柿、南瓜、洋葱和鸡肉切成刚好可以入口的大小即可。
2 将橄榄油倒入比较厚的锅中，待油热后加入西葫芦和茄子翻炒，之后加入鸡肉继续煸炒。
3 将剩余的蔬菜放入锅中，待炒熟后加入浓汤宝和香料束，盖上锅盖，用中火蒸煮10分钟左右。
4 放入盐和胡椒调味，拿掉锅盖再煮5分钟左右，使水分蒸发掉。

夏季腌菜

将辣椒、西葫芦、黄瓜等在庭院里收获到的蔬菜放入盐卤里腌制一下即可做成夏季腌菜，这也是我们家夏季的常见菜。脆脆的口感特别爽口，食欲不振的时候特别下饭。前一天腌制下去的菜，第二天就可以吃了。

盐卤的材料

醋、水……………………………各1杯
白砂糖……………………………2大勺
盐…………………………………2小勺
颗粒状胡椒……………………10粒
莳萝………………………………2根
月桂叶……………………………1片

做法

1 将西葫芦、辣椒、黄瓜、蔓菁等切成刚好可以入口的大小，放入经过煮沸消毒的密闭容器中。
2 在锅内倒入盐卤煮沸后，再倒入步骤1中的容器内。
3 待余热冷却后放入冰箱中保存。
※腌制的第二天即可食用。建议在1周之内吃完。

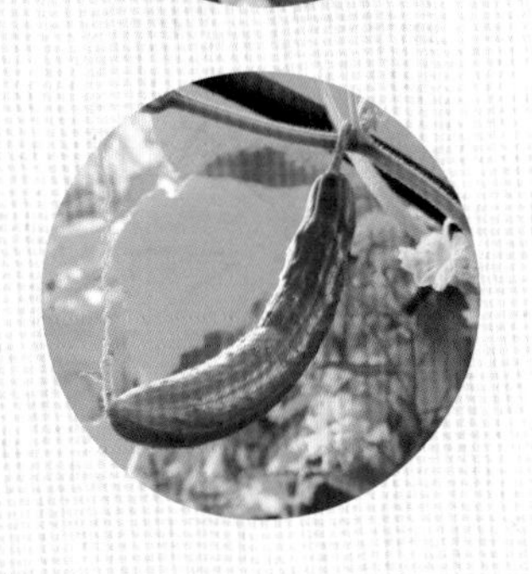

花卉和蔬菜搭配的绿色花园

虽然一直以来我都是利用苦瓜和黄瓜等蔓性蔬菜来遮阳，不过，现在我在新架设的露台上也种植其他植物，打造了一个天然的绿色遮阳伞。新的露台在庭院的中央，非常打眼，所以我决定把它做成和菜园一样的以花和蔬菜一起混合种植的纳凉处。作为主角，当选的是被称为热情之花的西番莲。新的露台像艺术品一样精巧，开满了各种独特的花，遮盖了夏日的严酷阳光，带来令人心情舒畅的阴凉。

左二图：正在安装花格墙的露台。为了配合整个庭院的主色调，花格墙也刷上了蓝色油漆。
右图：在4月下旬移植的西番莲到了初夏就可以不断地成长了。
下图：在露台上设置的斜纹花格墙。斜纹花格墙的线条看上去更加优雅，并且更加方便植物的缠绕。

上图：西番莲的魅力在于能够如艺术品一般绽放出独特之美。如果选择耐寒性较强的品种，那么第二年之后也仍然可以享受到这夏季的阴凉。
左图：西番莲茂盛的绿叶已经完全遮盖了花格墙，并且开出了很多独特的小花。那有着大大的心形叶子的是牵牛花。

在正对着露台的花坛里我种植了中果型“FURUTIKA 番茄”和茄子，花格墙被当做支撑物来使用。配合番茄的红色，我还种了红色的单瓣大丽菊，“FURUTIKA 番茄”能够结出一连串的果实，特别可爱，口感也是甜甜的，很好吃。

重重绿叶掩映下的绿荫

除了西番莲，我还种植了苦瓜、牵牛花等不同叶形的植物。仅仅这些绿叶就已经像是巨大的绿色马赛克镶嵌工艺，布满整个花格墙。透过叶与叶之间的空隙洒下阳光，拂过微风。

有着阴凉的露台令人心情愉悦，有时候我在庭院里劳作，觉得累了就去露台上休息一会儿。夏季的菜园有着各种各样的收获，装满了我的菜篮子。夏天绽放的花和成熟的蔬菜，各种颜色着实令人印象深刻。

从露台上眺望庭院就能欣赏到这样一幅图景。大大的苦瓜垂着头，和牵牛花缠绕在同一个花格墙上，彼此竞相争艳。

带来凉意的冷美人——西洋牵牛花

露台前的花格墙在初夏时分完全被玫瑰掩埋，而到了夏天，西洋牵牛花茂盛成长，对于遮阳起到了绝佳的作用。西洋牵牛花长势茂盛，有些品种甚至可以伸展到10m以上。与枝繁叶茂的日本牵牛花不同，西洋牵牛花是成串绽放的，充满分量感。其中充满凉意的蓝色品种最多。

Ipomoea

[西洋牵牛花]

旋花科植物 花期为每年8~10月

与日本牵牛花相比，西洋牵牛花的花期较迟，要到夏末才开始开花。而且不仅仅是早上，中午的时候花朵也不会闭合，所以时值炎热的秋老虎，这清凉的花朵也给庭院带来了凉爽的感觉。4月末到5月末的时候，气温最高在20℃左右，最低也在15℃以上，这时候就可以播种了。待长出藤蔓之后，就可以将牵牛花苗向花格墙上诱导。

初夏缠绕着玫瑰的花格墙在夏天就全都染上了西洋牵牛花的美丽蓝色。和只在早晨绽放的日本牵牛花不同，西洋牵牛花在中午也会一直绽放。

想要加入到绿色花园里的重点植物

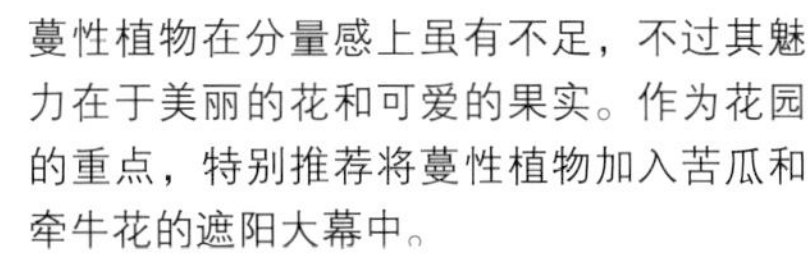

蔓性植物在分量感上虽有不足，不过其魅力在于美丽的花和可爱的果实。作为花园的重点，特别推荐将蔓性植物加入苦瓜和牵牛花的遮阳大幕中。

蓝茉莉
又名蓝雪花，清凉的花色能非常好地对抗暑气，花期直至晚秋时节。

山牵牛
图片是有着时尚黑褐色花蕊的非洲日落山牵牛。圆圆的五瓣花朵特别可爱。

倒地铃
软乎乎膨胀起来的果实真的好像气球一样！有着透明感的绿色很是温和。

毒瓜“沙滩球”
像小西瓜一样的绿色果实到了秋天就会变成红色。可以剪下来编成小花环。

仅夏季才有的黄色花园

虽然夏天的庭院里有着各种颜色的花，不过真的只有黄色的花才是和夏天最合拍的。所以，田岡金光菊每年夏天都会绽放在我家的庭院，而且数量还在不断增多。金光菊有着迷你向日葵一样的观感，将两种花组合在一起插花的话，两者一大一小，有着莫名的和谐感。向日葵是一年生植物，所以每年都要重新播种，不过每年都不断有向日葵的新品种出现。今年要种什么品种呢？这种烦恼也是种植向日葵的乐趣之一。

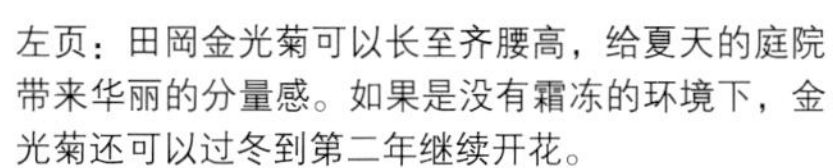

左页：田岡金光菊可以长至齐腰高，给夏天的庭院带来华丽的分量感。如果是没有霜冻的环境下，金光菊还可以过冬到第二年继续开花。
上图：在夏天的菜园里绽放的向日葵。炎夏之时，栽种向日葵的地方只有在中午之前可以晒到太阳，午后就成为了明亮的阴凉之地，向日葵就在这里以美丽的姿态绽放着。

01 田岡金光菊
02 恋人向日葵
03 双重光辉向日葵
04 散步红向日葵

01 庆祝日系列粉色凤仙花
02 庆祝日系列传统玫瑰凤仙花
03 马戏团系列橙白凤仙花
04 极度系列薰衣草凤仙花
05 极度系列粉色凤仙花
06 极度系列鲑红凤仙花

享受成熟红色——品红色小径

红色的花有时候给人一种孩子气的感觉，不过夏天里绽放的红色花朵有一种出乎意料的时尚感。除了最近品种非常丰富的凤仙花，还有大丽菊和千日红等，将它们沿着小径种在一起，就有了一种别致的氛围！凤仙花在向阳的地方也可以很好地绽放，不过最近这样的炎夏季节，最好把它栽种在明亮的阴凉地，这样花色才不会因为阳光褪去，更加美丽。

Impatiens

[凤仙花]

凤仙花科植物 花期为每年6~10月

除了爽快绽放的美丽单瓣凤仙花，还有仿佛小玫瑰一样充满分量感的复瓣凤仙花。将单瓣和复瓣的凤仙花一起种植，会使花园的景色变得张弛有度。我最喜欢的品种是庆祝日系列传统玫瑰凤仙花。有了它，好像整个花坛的花色都被收敛起来。

沿着小径堆砌的花坛里竞相开着红色的小花。虽然都是红色的花，也分为带着一些粉色的红、赤红、紫红等各种不同的红色。这样也使整个花坛的风景变得丰富起来。

01 大红色的千日红和白色纤细小花的钻石之霜大戟一起组合，两者的花色能够互相衬托。

02 开着淡紫色小花的风轮草之中混合种植着粉色千日红，营造出高雅、浪漫的氛围。

03 将粉色和浓郁紫红色的千日红组合在一起，景致变得深邃而雅致。

04 淡紫色具有清凉感的蓝箭菊旁边种上紫红色的千日红，不同的花形使两者相互衬托。

隐藏小花朵的神奇魔法——千日红

千日红的可爱花朵像小球一样，在炎夏也可以茁壮地绽放，可以一直绽放到秋天，所以千日红绝对是夏日花坛里不可或缺的花。不过，只有一种颜色的千日红未免太单调了，如果将红色、粉色等各种花色的千日红一起种植，花坛就会一下子变得美丽脱俗。而且，千日红也很适合搭配那些特别小的或和其花形不同的花朵，每年我都在尝试新的组合方式，这也是充满乐趣的工作。

Gomphrena

［千日红］

苋科植物 花期为每年5~11月

耐热性和抗干燥能力都很强，也能够很好地适应日本的环境，而且花期很长也是其魅力之一。花色有红色、粉色、紫色、白色等，甚至还有黄色的千日红。插花中也经常用到千日红，而且将其做成干花，花色也不会褪。既有植株高度高达80cm的品种，也有30cm左右的比较矮的品种，所以可以根据种植的场所来选择种植的品种。

右图：最近市面上刚出现了非常有人气的烟花千日红，正如它的名字一样，这种千日红的花形就好像烟花一样，极具个性。它有着香料一般的香气，植株高度较高，分枝不断枯萎长出新枝，因此植株较大，花也较多。

耐热性超强的花卉图鉴

最近天气一直都十分炎热，所以我辛苦种植的花朵也有好多都枯萎了。也常常听到别人说夏天还是不要种花了。不过，只要选择耐热性超强的花卉，种在合适的场所，那么它们依然可以美丽地在炎夏中绽放。下面就给大家介绍一些在炎夏中仍然可以绽放的花卉。

01

01 野鸡冠花　苋科一年生植物　花期为每年5~11月

鸡冠花的亲缘品种，小小的穗状花朵给人优雅的印象。和金光菊、向日葵等圆圆的花朵种在一起，花园显得特别有韵律感。喜干燥，注意根部不要因为夏季浇水太多而烂掉。

02 蜡菊　菊科一年生植物　花期为每年5~9月

又名麦秆菊。花朵的特点是有一种干花般干巴巴的质感。耐热性极强，鲜艳的花色在夏天也能给花坛染上了艳丽的色彩。

03 紫锥花"热情番木瓜"　菊科多年生植物　花期为每年6~10月

紫锥花也是耐热性极强的花卉，品种还很丰富。图片上是一种叫"热情番木瓜"的品种，鲜艳的朱红色特别适合夏天的观感。后面种着紫红甘蓝，配色时尚。

04 粉绿柳叶茄　茄科半常绿灌木　花期为每年7~9月

粉绿柳叶茄是原产南美的常绿灌木，开淡紫色的花。能在炎夏之际给花坛带来清凉的印象，十分重要。亮绿色的大叶子也是能够作为花坛的地被植物装点花坛的。

05 美国薄荷　唇形科多年生植物　花期为每年6月中旬~8月中旬

06 日语中又称松明草。耐热性极强，性质坚韧。淡粉色、深粉色、朱红色、白色等花色丰富。还有图片 05 中美国薄荷后面种植的白色小花是一种叫作"死灵馆"的美洲绣球花。

05

07 茑萝　旋花科一年生植物　花期为每年6~9月

原产于美洲热带地区，鲜艳朱红色的花朵特别好看。图片是有着可爱五角形花朵的羽衣茑萝。和玫瑰一起缠绕在拱形门上的话，夏天拱形门也不会显得寂寞孤单。

08 一点红　菊科一年生植物　花期为每年5~9月

纤细的茎部顶端长着可爱的小小朱红色花朵，在花坛里格外引人注目。耐热性极强，但不喜湿，所以一定要注意种植场所的通风。

09 蜀葵　锦葵科一年生、多年生植物　花期为每年6~9月

10 又称一丈红、戎葵。植株高度很高，夏天绽放着蓬蓬的大花。既可以种植在花坛中央，也可以种植在庭院边缘的花坛后方，总之可以充分利用其高度进行安排。图片 09 是黑醋栗蜀葵，图片 10 是宪章准则蜀葵。

11 福禄考　花荵科多年生植物　花期为每年6~9月

虽然我一直没觉得福禄考是耐热性极强的花，不过最近酷暑之下，它依然茁壮地绽放着。初夏开始绽放的花朵在 7 月上旬会告一段落，之后会在秋天再次开花。

09

02
03
04
06
07
08
10
11

矮牵牛的多色组合。各种生动的花色组合仿佛将夏日的刺眼阳光都反射了回去。

编织出戏剧性景色

秋季的家庭菜园

AUTUMN POTAGER

Dahlia

[**大丽菊**]

菊科植物 花期为每年6~11月

从直径3cm左右的小花到直径30cm以上的大花，大丽菊的大小多种多样。花形也有单瓣、重瓣、球形、缨球等各种变化，可以轻松自在地享受用不同的大丽菊进行搭配的乐趣。球根的移植需要在没有晚霜威胁的4月中旬进行。如果6月开始绽放的花朵在盛夏之时剪去，可以在秋天再次欣赏到其花姿。

上图：大丽菊的植株很高，所以一定要架设支撑物。支撑物也涂上了庭院主题色的蓝色油漆。

左图：这是6月的光景。我用刚刚开始绽放的大丽菊和其他初夏的花、莓类植物一起组合做成的插花。

花色鲜亮的大丽菊花园

在盛夏中一度休养生息的大丽菊再次绽放的时候，意味着秋天到来了。小小的缨球状花朵到直径30cm以上的超大花朵，大丽菊的大小特别丰富。除了没有蓝色系的花色之外，几乎各种颜色都有。仿佛是美丽的胸花一样精致，并且充满生气的大丽菊，在秋天绽放时，花色清明，给整个庭院染上戏剧性的氛围。

将秋天再次绽放的大丽菊做成花束一样的插花。从一侧投射下来的秋日阳光在花束上形成了美丽的阴影。作为重点装饰，我添加了开始变红的玫瑰果实。

支撑物也是秋天景色里不可或缺的一份子

在庭院西侧的花坛里种着大丽菊。盛夏时分被修剪过的大丽菊重新绽放，给整个花坛染上鲜亮的色彩。因为我喜欢各种各样的大丽菊，所以在整个庭院的各个地方种了50种以上的大丽菊！大丽菊的花朵不断伸展，都快要超过一人高了，这都是架设的蓝色支撑物的作用。

如何让大丽菊开得更好

要点1 在4月中旬将球根移植到花盆

适合移植球根的时候花坛里还开着各种各样的春天的花朵，所以我会将球根种在小花盆里培育，然后将整个小花盆埋在花坛里。比较深的8号花盆正好可以种1颗球根。使用排水性较好的土壤是很重要的，用小颗的红粒土、培养土、硅酸盐陶土和小颗的火山浮石按6:3:0.5:0.5的比例进行混合。先在花盆里放入约占花盆高度1/5的底石，然后将混合用土倒入至花盆高度3/5处。再将球根放入其中，注意要将球根的发芽处向上放置。之后再覆上3~4cm的土壤，最后充分地浇水，直至花盆底部漏出水为止。球根发芽之后，用浓度比当量浓度略低的液体肥料，每周施1次肥。

将球根种在花盆里。球根发芽之前要控制浇水的量，如果球根发芽后发现表面的土干了，要及时、充分地浇水。

大丽菊的球根顶端较细的那一边就是发芽处，一定注意不要伤害到发芽处，将其向上放置。

要点2 7月中旬在花坛里挖洞，将整个花盆埋入其中

7月中旬，球根开始发芽了。飞燕草和毛地黄的花凋落之后，花坛里便有了闲置的空间。这时便可以在花坛里挖洞，然后将培育球根的花盆整个埋入其中。这个方法可以将球根培育在花盆里，非常方便。晚秋时节，大丽菊花凋落后，可以将整个花盆挖出来。到了冬天，大丽菊露出土壤的部分便会枯萎，这时可以将花盆与其他花盆一起摆放在屋檐下过冬。到了3月上旬~4月，将花盆移放到可以淋到雨的地方，那么第二年花盆里的球根就又可以开花了。

初夏的花坛里开满了飞燕草和毛地黄。在它们凋落后就可以将培育大丽菊球根的的花盆整个埋入其中。

要点3 植株长高之后架设支撑物来支撑

大丽菊的植株长高之后，为了让其不倒下，需要架设支撑物。为了不让支撑物成为美丽景色的妨碍，我选用了细细的方木，漆上蓝色油漆，制作了简单大方的支撑物。这样支撑物不仅起到了支撑大丽菊植株的作用，支撑物本身也成为了景色的一部分。

红色、黄色、粉色的大丽菊在蓝色支撑物的衬托下显得更加美丽。

要点4 8月中旬大胆修剪

将花盆埋到花坛里，不久后大丽菊就开始绽放了。到8月中旬为止就要让其花期先告一段落。这时的植株高度大约在150cm，用剪刀剪去从根部向上40cm左右的地方。在这个时间点大胆地修剪，当植株高度再次长到150cm左右的10~11月时，大丽菊就会再次开花，那么我们就可以再欣赏一次大丽菊的美丽了。

秋季绽放的大丽菊花色深邃，给人戏剧性的感受。

修剪前

8月中旬，大丽菊的高度已经几乎覆盖了整个支撑物，花也已经基本开完了。

修剪后

大胆修剪之后的大丽菊花坛。这时修剪大丽菊的话它会再次生长，所以没有必要担心。可以静心等待秋天大丽菊的绽放。

修剪的日期根据天气预报来决定

大丽菊的茎是中空的，所以若是修剪之后下雨的话，雨水便会渗入大丽菊的茎内，导致植株腐烂。所以，要提前确认天气情况，确保会一直持续晴好天气后再进行修剪，这是十分重要的。在修剪之后一定要注意浇水时直接向根部浇灌，一旦觉得可能会下雨，可以用保鲜膜将修剪的切口裹好。

建议可以在修剪的切口处套上塑料的指套。

变化丰富的大丽菊图鉴

01 **单瓣变化花形大丽菊**
这是自古以来就有的单瓣大丽菊品种。将其加入充满分量感的花卉之中的话，居然意外地特别醒目。鲜艳凌冽的红色令人印象深刻，黄色的花蕊也与花朵形成鲜明的对比。是我从很久以前开始就一直会在庭院里种植的坚韧品种。

02 **白玉大丽菊**
缨球花形的大丽菊，花朵直径为 5~7cm。可以开出很多纯白色的可爱球状花朵。白色的花朵清爽可人，稍微点缀一下其他花色的花，就可以给花坛带来自然的氛围。

07 **小舟大丽菊**
莲形大丽菊，花朵直径为 7~10cm。可以开出很多闪耀的黄色花朵，异常美丽。莲形花卉所特有的清爽花形与其他具有分量感的花卉搭配，能够互相衬托。在插花中也经常会使用到这个品种的大丽菊。

08 **黑蝶大丽菊**
半仙人掌形大丽菊，中大型圆形花朵。略带黑色的红色大花特别有人气。易种植，花朵较多，所以用来收敛整个花坛的花色是再好不过的。在整个花坛 1/5 的范围种上黑蝶大丽菊，整个花坛的花色一下子就深邃起来，令人印象深刻。

03 匹如身大丽菊

缨球形大丽菊。令人心神安定的浓郁红色花朵高洁、优雅。花朵较小，因此特别适合用作花坛的中其他花卉的衬托，在插花里也是常用的重要花卉品种。花瓣不断重叠成立体状，花姿美丽。绿色的茎也给人明快的印象。

04 红手秋大丽菊

球状大丽菊，花朵直径为7~10cm。明快鲜亮的红色极具时尚感。球状花卉的特点是无论正面看还是侧面看都很可爱的立体状，因此在花坛的任何地方都可以欣赏到其美丽的花姿。

05 性感姿态大丽菊

球状大丽菊。淡粉色与奶油色的配色十分高雅，无论是谁都会喜爱。从初夏到夏季绽放的时候，粉色较淡，而到了秋天，随着秋色的深邃，大丽菊的粉色也如图片中所示变深了。

06 汉密尔顿少年大丽菊

装饰形大丽菊。花朵直径为17cm左右。汉密尔顿少年大丽菊与被誉为装饰形大丽菊中的珍品——汉密尔顿针织大丽菊具有亲缘关系，鲑鱼肉色的花色给人优雅的印象。花形整齐，让人流连忘返。

09 RIDO大丽菊

怒放形大丽菊，花卉直径可达到20cm，巨大花型大丽菊。橘色和白色的配色十分别致，即便与其他花卉混合种植也非常突出。也有橙色部分比较突出的RIDO大丽菊。

10 樱之女王大丽菊

半仙人掌形大丽菊，花朵直径为17~24cm。东京樱花般高雅的淡粉色和乳白色的配色非常好看。其花瓣的特征是在前端裂开，如同波浪一般的花姿给人优雅的印象。

11 篝火大丽菊

怒放形大丽菊，花卉直径可达到20cm，巨大花型大丽菊。醒目的鲜亮红色在花坛之中也特别引人注目，具有感染力的花姿仿佛在强调大丽菊才是整个花坛的主角，极具存在感。

12 暖炉大丽菊

莲形大丽菊，中大型圆形花朵。带有一丝粉色的红色花朵非常华丽，中心部分有些像奶油色，配色精彩。因为花色让人联想到暖炉里熊熊燃烧的烈火，顾得此名。这也是作为花坛的主角存在感超群的大丽菊品种。

上图：在大波斯菊花坛里作为衬托存在的是天蓝花鼠尾草。相比其他品种的鼠尾草，天蓝花鼠尾草开花较迟，恰好在大波斯菊绽放的10~11月开放，两者特别相合。

左图：如果播种培育大波斯菊，它可以长到超过 1m 长，而且不需要支撑物。这种深紫红色的美丽品种是覆轮大波斯菊。白色的覆轮搭配其他复色或单色，开得特别好看。

Cosmos

[大波斯菊]

菊科植物 花期为每年6~11月中旬

大波斯菊分为夏季开放和秋季开放两种。夏季开放的品种可以在4月中旬至8月中旬之间播种，播种越早开花也越早。而秋季开放的品种不管在什么时候播种，都在10~11月绽放。将这两个品种的种子一起在6月下旬种下去，那么两者的花期就自然错开了。最茂盛的时候两种花一起绽放，既可以长时间地欣赏花，又可以欣赏到许多花朵绽放的盛景。如果在植株长高后将其剪掉，那么会从植株底部再次长出花芽来。

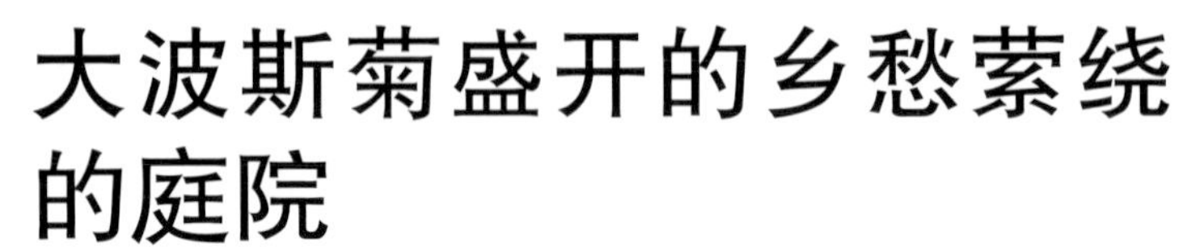

大波斯菊盛开的乡愁萦绕的庭院

在孩童时代，每到秋天，放学回家的路上总是绽放着很多的大波斯菊，它们随风摇曳的光景真的非常美丽，我一直铭记于心中。所以，每年到了秋天，我一定要在庭院里看到绽放的大波斯菊。近年来，大波斯菊的花色变得更加丰富，也有了重瓣大波斯菊等更多的品种。不知道是不是我已经完全迷恋上了大波斯菊的缘故，反正只要我发现了新的大波斯菊品种，就一定要种到我的庭院里来看一看。

小花坛的配色设计是前边种着红色和粉色的大波斯菊，中间种着白色大波斯菊，后边种着黄色大波斯菊。高雅红黑色的巧克力大波斯菊收敛了花坛整体的色彩。作为重点装饰散布着的蓝色小花是天蓝花鼠尾草。

花坛上层绽放着大丽菊和大波斯菊，下层绽放着千日红和重瓣凤仙花。这样的秋季花坛用多样的花形创造出丰富的景色。最前面种植的紫红色的叶子是最适合做地被植物的莲子草。

01 **覆轮大波斯菊**
02 有着美丽镶边和斑点，混杂着深胭脂色，虽然是单一配色，却十分美丽。

03 **奏鸣曲大波斯菊**
04 清爽的单瓣花。从白色到深粉色，配色大胆。植株高度较低，所以如果提早播种，空间会显得更加紧凑。

05 **海贝大波斯菊**
06 花瓣成筒状，这独特的花形加入到花坛
07 里，花坛立刻就充满了律动感。有白色、浅粉、深粉等花色。

08 **黄色校园大波斯菊**
秋天绽放的大波斯菊品种。具有透明感的黄色花朵充满魅力，第一次看到它就会被其美丽所震惊。和秋天清凉的天气非常相配。

09 **白日梦大波斯菊**
白色花瓣的中心部分呈现浅粉和深粉色，惹人怜爱。小小的花朵特别可爱。花期较长也是它的魅力之一。

10 **玫瑰炸弹复瓣大波斯菊**
纤细的花瓣不断重合形成的复瓣大波斯菊品种。和传统玫瑰一样有着华丽的魅力感。玫瑰炸弹大波斯菊有着高雅的粉色。

可以说大波斯菊的原种就是这种令人怀念的单瓣粉色花朵，而复瓣醉蝶花最能将这种粉色的鲜艳花色凸显出来。醉蝶花清亮的青紫色和大丽菊黑色的叶子对于表现深邃的阴凉季节感不可或缺。

深青紫色的花丛中闪耀着秋季的粉色

浓缩秋色的花，戏剧性的排列组合

大波斯菊的花不断地绽放，所以享受用大波斯菊来插花的乐趣也是极好的。大波斯菊、大丽菊、千日红、玫瑰果实等，在秋季的庭院里绽放的各种各样的花混杂起来，束成一束的插花便浓缩了整个庭院景色。这秋季的尾声，无论插花怎么组合，都让人觉得不可思议地花色洋溢，而这秋天的插花也因此总是显出戏剧性的氛围。

01 高雅的红黑色花朵的巧克力大波斯菊。在插花里加上这种花，整个插花就立即显得严肃起来。

02 百日草，低调素雅的配色充满时尚感。百日草的颜色大多比较花哨，这种花色的百日草是近年才出现的。

03 在很多圆形花朵中加上野鸡冠花的穗状花，花形的对比使整个插花都变得富有变化。

04 因为好像蝴蝶飞舞一样的花形，醉蝶花在日语中又称为风蝶花。花色由粉色一点点过渡到白色。

05 在秋天的庭院里，玫瑰已经硕果累累，这些果实也可以用于插花。在果实的颜色还没有出现之前，绿色的果实特别可爱。

奶油色的黄色校园大丽菊。在剪下大丽菊的时候就要在旁边备好装了水的水桶，一剪下来就迅速放入水桶里，然后再剪一刀，可以让剪下的花朵更好地吸收水分。

花色清新的大丽菊和即将凋谢的玫瑰。
即便是经常插花，每一次也都有不一样的配色。
可以享受无穷的“一期一会”的乐趣。

花卉和蔬菜
的栽培手册

Flower & Vegetable Growing Note

土壤

在密植花园里要格外注意土壤的排水性

花坛和菜园的土壤要注意平衡好保水性和排水性，同时土壤也要有很好的保肥性。不过，像我这样将花和蔬菜一起密植的，就要格外注意土壤的排水性。如果排水性不好，很容易使植株根部闷热潮湿，对于植株的健康成长造成很大的恶劣影响。为了提高土壤的排水性，我一般都是将硅酸盐陶土和小颗的火山浮石混合使用。在给整个菜园翻土的时候，我会在土里堆上土肥，然后将一些已经腐烂的根去除，然后再混入硅酸盐陶土和火山浮石。另外，在移植一部分植物的苗时，我也会将这两种土石混到土壤里去。排水性最理想的就是松软的土壤了，但并非是完全松软的土壤。走进菜园里的话，土壤会陷下去，留下足迹，不过只要稍稍地翻动一下，土壤就会回到之前松软的状态，这样既松软又有弹性的土壤才是最好的。

一年之中都满是花和蔬菜的菜园，但土壤应何时混合

家庭菜园里一年之中一直都培育着各种花卉和蔬菜，所以想要整体地进行松土是不可能的。在每次清理菜园的时候，可以进行翻土。除此之外，在花最少的冬天，种植球根之前也可以进行翻土。不过，玫瑰以及大多数的宿根类植物就算地面上的部分枯萎了，地下的根部还是活着的。所以，在翻土的时候，一定要注意不能伤害到这些植物的根部。每次移植植株的时候，我都会小心地翻动种植的空间。即便只是给部分土壤松土，也能够保证整个土壤的松软。

在菜园里种植的矮性种扁豆。在根部我放了很多小颗的火山浮石，用来提高土壤的排水性。将火山浮石混入土壤中，还能够提高土壤的保肥性。

将玫瑰和大丽菊种在小花盆里或制作移植用的敞口花盆的时候，我使用的都是原本的培养土。用小颗的红粒土、市面上销售的培养土、硅酸盐陶土和小颗的火山浮石按6：3：0.5：0.5的比例进行混合。图片是移植大丽菊的球根的场景。

浇水

在植物需要的时候充分地浇水

浇水的重点就是浇水的时间点。并不是只要给植物浇水就可以的，温度的高低、雨水的多少、植物的生长情况等事宜都需要详细了解，之后在适当的时候浇水，这一点是非常重要的。特别是在夏天，浇水显得尤为重要。只要1天不浇水，就会对植物产生影响。所以，每天都要浇1~2次水。还有，在冬天特别容易疏忽浇水这件事，这一点也尤为重要。冬天降水较少，风力强劲，地面很容易变得极其干燥，这也会对植物生长产生影响。所以，冬天的时候也要每2~3天浇1次水。下面我给大家介绍一下一年中不同的时候浇水的标准。

时期	浇水标准
11月至来年3月中旬	不下雨的时候每 2~3 天浇 1 次水，而且要在中午之前浇水。观察土壤的状况，如果非常干燥，就要给土壤充分地浇水。
3月下旬~5月	不下雨的时候每 1~2 天浇 1 次水。在 5 月长假左右的时候，由于气温升高较快，早上或者傍晚要给土壤充分浇水。玫瑰开花之后，则每天都需要浇水。
6~7月中旬	在梅雨季的时候。如果连续不下雨，在早上和傍晚需要充分地给土壤浇水。
7月下旬~9月中旬	每天浇 2 次水，早上和傍晚各一次。早上浇水要选在气温开始上升的 9 点之前，傍晚则要在太阳下山之后浇水。
9月下旬~10月	秋分过后，暑气就过去了。这时需要每天早上或者傍晚浇 1 次水。近年来，到了 10 月份也会偶尔有气温特别高的时候，所以一定注意浇水要充足。

浇水时除了用细水管给植株根部浇水以外，叶子上也要浇灌充分的水。

施肥

基本准则是以稀薄的肥料多加施肥

不管什么植物，我一般用的都是液体肥料，因为液体肥料比固体废料更容易控制量。既然不管是花还是蔬菜都是自己培育的，那么我觉得就要尽量让培育出的植物都是安全无公害的。所以，液体肥料我也是选择有机型的。用浓度比当量溶度略低的液体肥料，频繁施肥，这样施肥不会对植物造成负担。并且，施肥的次数也要配合植物的生长情况，这一点也是很重要的。例如，玫瑰开始发新芽时要每周施1次肥。春天到初夏这段时间，其他的植物也可以和玫瑰按同一频率施肥。

另外，因为夏天的果菜类会长期结出大大的果实，所以一定要注意不能缺肥。在结出小果实后就需要用稀释过的液体肥料每3天施1次肥。

上图：夏天的果菜类一定要充分施肥，这样才能很好地结果并长时间收获。将稀释过的液体肥料定点浇灌在植株根部。

左图：在玫瑰旁边常常会种植铁线莲。这也有一个好处，即两者可以共用肥料。只要向玫瑰施以基础的肥料就可以了。

病虫害的防治

用频繁的检查来防止病虫害的扩散

因为我想要尽量培育出安全无公害的蔬菜和花，所以完全不使用农药。但是，如果不使用农药该怎么防治病虫害呢？尽早地发现病虫害的症状是十分重要的。每天都要去庭院里观察植物有没有什么变化，如叶子上是否有白色的斑点或叶色是否发黑，若发现有变化，就要迅速将发生疾病的叶子去除，这样就可以使疾病不扩散。另外，对于青虫以及会附着在玫瑰上的象虫等虫害，也是需要每天检查的，一旦发现就要将其驱除，这样就可以防治虫害。象虫会在附着的花蕾下的茎上产卵，使花蕾枯萎，真的是特别讨厌。所以，如果发现了枯萎的花蕾，那么附近一定会有象虫，一定要仔细搜寻。而且在我们家的庭院里，到了玫瑰绽放的季节，如果刮起强劲且温暖的南风，到了第二天就很容易爆发白粉病，所以我一定会检查玫瑰的叶子，确认叶子表面是否有白粉状的东西。如果放任不管，病虫害就会扩散，因此早期的防治是非常重要的。要观察自家的庭院在什么样的天气状况容易引起什么样的病虫害，把握住了这些信息后就很容易在早期发现这些病虫害。

从冬天到春天，在庭院里培植的西蓝花是白头翁的最爱。除了花蕾，还有叶子，都是白头翁的食物。为了防止白头翁，要在院子里都盖上网。

从播种开始培育

播种基本都要在秋天和春天，而且要进行2次。先在敞口花盆里育苗，之后再定植

我会从播种开始培育的植物主要是一些市面上不能直接购买的培育好苗的叶用蔬菜类，当然还有一些我很喜欢的品种。不过，由于家庭菜园里一年中生长着各种植物，而且是用密植方式培育的，没有直接播种的空间，所以我都是将下一个季节要种植的植物提前播种在敞口花盆里，然后育苗。

一次又一次地播种是一件十分麻烦的事情，所以可以将需要播种的植物收集好，统一在秋天和春天播2次种。播种后育苗，等到长出真叶之后，就可以用铁铲铲出几株苗，然后定植到菜园里。用这种方法的话，不管是花卉还是蔬菜，育苗都会变得很简单。适合播种的时间是根据气温来判断的。近年来，虽说到了秋天，不过也还是常常有气温很高的时候，如果在这时播种，种子往往不会发芽。所以，不管是春天还是秋天，都要在气温为15℃~20℃的时候播种。

播种育苗用的土和在园子里用的土是一样的。用小颗的红粒土、市面上卖的培养土、硅酸盐陶土和小颗的火山浮石按6：3：0.5：0.5的比例进行混合。将种子播撒在敞口花盆里，然后覆盖上薄薄的一层土。不过，种子里面有一种好光性种子，没有光照的话就不会发芽，比如叶用莴苣、紫苏、扁豆、胡萝卜、茼蒿等的种子都是具有代表性的好光性种子。如果要种植这种种子，就不需要覆土，但为了防止种子被风吹走，也可以覆盖上极薄的一层土。

秋天播种的植物

菠菜、小松菜、叶用莴苣、芥菜、胡萝卜、萝卜、芝麻菜、矢车菊、天使圣歌虞美人、喜阳花

春天播种的植物

西葫芦、秋葵、向日葵、一点红、烟草

绿叶蔬菜装点了从冬天到春天的菜园，可以在秋天一起播种育苗。日照良好且没有大风的地方就很适合用来育苗。

在初夏的花坛里绽放的天使圣歌虞美人因为不太好买到苗，所以每年都要播种培育。图片是迎来了定植期的虞美人苗。

大波斯菊有夏季绽放和秋季绽放两种。如果6月下旬开始播种，秋天的时候这两种大波斯菊就会一起绽放了。

叶子比较大的植物不能在敞口花盆里育苗，而要在专门用来育苗的花盆里种植。我觉得每个花盆里播下2颗种子比较合适。

从种苗开始培育

买到种苗之后要尽早移植

如果是花卉，宿根类的大多都是直接卖种苗的，所以我都是买种苗回来种植的。另外，冬天到春天的花坛主角——三色堇和角堇的大多数品种也是出售种苗的。如果三色堇和角堇要播种种植，最合适的时候是最热的8月，培育起来比较难，所以还是直接用种苗培育比较方便。如果是蔬菜，夏季的果菜类我也是买种苗回来培育的，因为播种种植果菜类最合适的时候是寒冷的2月份，育苗则需要保温设施，所以直接从种苗培育比较轻松。蔬菜与花相比，种苗出售的时间很短，一旦有想要买的品种，可以从种苗公司的官网购买。种苗买到手后一定要尽快地种到园子里。种苗在刚送来时大多还处在生长旺盛的状态，如果一直将它放置在小花盆里，不利于种苗的后期生长。不过，春天的4月中旬左右可能还会下晚霜，为了不使晚霜伤害到种苗，要确认气温会上升之后再进行移植，这一点是十分重要的。正因为如此，不要过早地买种苗。密植的家庭菜园常常会有这样一种情况，在准备移植种苗的空间里，玫瑰和宿根类植物的根可能已经牢牢地伸展开了，这时就需要打通底部的水桶，利用这种水桶确保种苗根部生长的空间。

移植后要立刻充分地浇水，一直到植物已经生根为止，只要表面的土壤干燥了，就要充分地浇水。

右图是西瓜的苗。玫瑰在我打算种植西瓜苗的地方已经生了根，因此我就利用了打通底部的水桶。水桶深 40cm 左右，将水桶的 2/3 埋到地下，然后在水桶里放入培植用的土壤，并将西瓜苗移植在其中，这样西瓜苗就可以健康茁壮地生根发芽了。

番茄、茄子、黄瓜等夏季果菜类的种苗要在 5 月长假结束后进行移植。

三色堇和角堇的苗是在秋天开始售卖的，所以买到喜欢的品种后就立即种植到花坛里。

如果将买回的种苗直接放在地上会容易干燥，影响植株生长。如果暂时没有可以移植的空间，可以将种苗连着小花盆一起埋到花坛里，这样可以防止干燥。

创造人与植物都幸福的庭院

努力创造通风良好的环境

为了植物能够健康地生长，日照是非常重要的一点。另一个要点就是通风，特别是密植的庭院里更要注意通风。

我们家的庭院和最初的时候相比，小径的数量已经增加了不少，其实这也是为了能够更好的通风而设置的。如果通风良好，植株的根部就不会潮湿、闷热。而且，小径变多了，不仅植物会更舒服，人的心情也会特别好。一边踏着小径散步一边欣赏庭院的时间也相对增加了。

而且，我在小径深处的花坛中央放置了巨大的花盆，这也是为了能够创造良好的通风环境。将植物种在花盆里会使植株的根部比其他植物更高，这样也比较容易通风。还有一个优点，当我们从远处眺望花坛的时候，花坛会显得很有立体感。将凋谢的花朵和下面枯萎的叶子仔细清除，保持植株根部的通风，这些都是日常护理花坛中需要特别注意的事情。

左图：连接庭院南侧到西侧的小径。
右图：在庭院的正中央设置一个小菜园，周围环绕着小径。

最初是四方形的菜园，不过后来我将部分挖掉了，这样就可以让风一直通到菜园的中央部分。我在中间的大花盆里种上了玫瑰。

决定好庭院的主色调

因为有各种各样的花和蔬菜，所以整个庭院色彩洋溢。为了不使景色看起来杂乱无章，我建议给整个庭院定下一个主色调。我一般会将蓝色作为庭院的主色调，不过这个蓝色是以天蓝色的油漆作为基础，混合了白色、红色、黄色、黑色等颜色的油漆所创作出来的独特色彩。不仅仅只是普通的蓝色，混合了其他颜色之后，整个庭院就能够和各种花色相配合，而且能够突出和衬托花色。我将露台、道具小房子、椅子、桌子、方尖塔和花格墙都刷上了这种颜色的油漆，使整个庭院体现出一种一致感。利用这种创新的色彩配合寻求变化，再以浓淡作区分，就可以创造出充满惊喜的景色。如果习惯了刷油漆，这也会变成一件快乐的工作。奶油色和薄荷绿色也是能够和花色相搭的色彩，可以作为整个庭院的主色调。

基础蓝色的变化

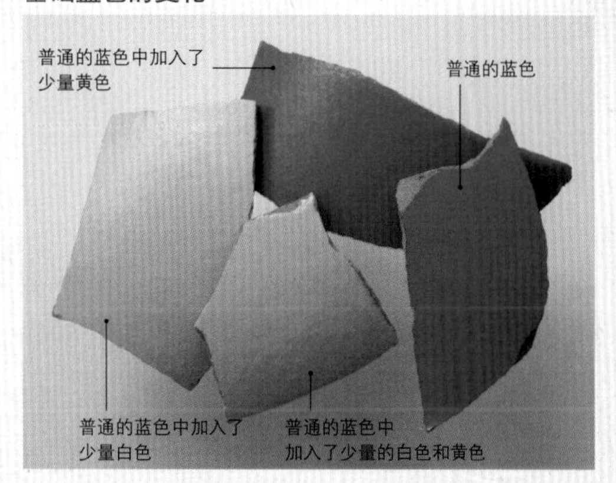

因为庭院中的支撑物架设得比较多，很容易成为景色中的障碍，所以也被我刷上了最普通的蓝色，让它们也成为了庭院中景色的点缀。

图书在版编目（CIP）数据

绽放的家庭花园&菜园 /（日）难波光江著；陈泽宇译. -- 北京：煤炭工业出版社，2017
ISBN 978-7-5020-5726-8

Ⅰ.①绽… Ⅱ.①难… ②陈… Ⅲ.①观赏园艺②蔬菜园艺 Ⅳ.①S68②S63

中国版本图书馆CIP数据核字(2017)第042500号

绽放的家庭花园&菜园

著　　者　（日）难波光江　　译　　者　陈泽宇
策划制作　北京书锦缘咨询有限公司（www.booklink.com.cn）
总 策 划　陈　庆　　策　　划　李　伟
责任编辑　马明仁　　编　　辑　郭浩亮
设计制作　柯秀翠

出版发行　煤炭工业出版社（北京市朝阳区芍药居35号　100029）
电　　话　010-84657898（总编室）
　　　　　010-64018321（发行部）　010-84657880（读者服务部）
电子信箱　cciph612@126.com
网　　址　www.cciph.com.cn
印　　刷　北京画中画印刷有限公司
经　　销　全国新华书店

开　　本　787mm × 1092mm 1/16　　印张　11　　字数　160千字
版　　次　2017年6月第1版　2017年6月第1次印刷
社内编号　8589　　定价　58.00元